EL CASTAÑO

EL CASTAÑO

PRODUCTOR DE FRUTO Y MADERA.
CREADOR DE PAISAJE Y PROTECTOR

Manuel BERROCAL DEL BRIO
Dr. Ingeniero de Montes

Juan F. GALLARDO LANCHO
Dr. en Ciencias

José Marcos CARDEÑOSO HERRERO
Ingeniero Técnico Forestal

Con la colaboración de
Eva BARRENO RODRIGUEZ
Dra. en Ciencias Biológicas
(Capítulo de los líquenes del castaño)

Ediciones Mundi-Prensa
Madrid • Barcelona • México
1998

Grupo Mundi-Prensa

- **Mundi-Prensa Libros, s.a.**
Castelló, 37 - 28001 Madrid
Tel.: 431 33 99 - Fax: 575 39 98
E-mail: libreria@mundiprensa.es
Internet: www.mundiprensa.es

- **Mundi-Prensa Barcelona**
- **Editorial Aedos, s.a.**
Consell de Cent, 391 - 08009 Barcelona
Tel.: 488 34 92 - Fax: 487 76 59
E-mail: barcelona@mundiprensa.es

- **Mundi-Prensa México, S. A. de C. V.**
Río Pánuco, 141 - Col. Cuauhtémoc
06500 México, D.F.
Tel.: 533 56 58 - Fax: 514 67 99
E-mail: 104164.23@compuserve.com

Depósito Legal: M-46060-1997
ISBN: 84-7114-722-X

Impreso en España - Printed in Spain

Imprime: Vía Gráfica, S.A.
C/ Monza, 6 - Polígono Uranga - Ctra. Fuenlabrada a Móstoles, km. 10
28940 FUENLABRADA (MADRID)

A nuestros Padres

A nuestros Amigos

Además, deseo tener un recuerdo muy especial y de cariño hacia mi padre Manuel, y al pueblecito de Escurial de la Sierra (provincia de Salamanca), tierra donde desde niño me acostumbré a pasear y ponerme en contacto con aquellos magníficos castañares de fruto que jalonaban una gran parte de la falda de Pico Cervero que discurría hacia el pueblo.

Manuel BERROCAL DEL BRIO

Agradecimientos

A la Universidad de Valladolid, Escuela Técnica Superior de Ingenierías Agrarias de Palencia, y al ITAGRA (en especial a su Director Prof. F. TEJERINA) desde cuyos Departamentos, y con la colaboración de la Junta de Castilla y León, han permitido a lo largo de los últimos años el estudio e investigación de toda la problemática existente sobre el castaño en esta Región.

A nuestros amigos José Luis BLANCO YUDEGO y Emilio BLANCO CASTRO, por algunas informaciones específicas dadas relativas al castaño.

Al Dr. Tullio TURCHETTI, investigador del *Centro di Studio per la Patologia delle Specie Legnose Montane, de Firenze* (Italia) con quien colaboramos estrechamente en la lucha biológica del «chancro» del castaño, así como al Dr. MARESSI del mismo Centro.

A Lourdes MARTINEZ RAMOS, Licenciada en Ciencias Químicas, por su colaboración en los distintos análisis de ensayos de laboratorio para la obtención de cepas hipovirulentas relativas a la enfermedad producida por *Cryphonectria parasitica.*

También deseamos expresar nuestra gratitud a toda la guardería forestal española, que nos prestó su estimada e indispensable ayuda en una parte importante de trabajo de campo, añadiendo también una mención singular a todas aquellas personas y organismos locales que, como los Ayuntamientos de la zona de Aliste y Sanabria (provincia de Zamora), nos apoyaron encomiablemente para la realización de nuestros trabajos y nos animaron vivamente en el esfuerzo y defensa de un árbol tan querido para ellos como es el castaño. Desde estas páginas nuestras gracias más sinceras. Asímismo nuestro agradecimiento a ENDESA, por su colaboración en cuanto permitieron el estudio de la evolución de algunas parcelas de ensayo de castaño en El Bierzo (provincia de León), y a la familia SANCHEZ de OJESTO

(San Martín de Trevejo, provincia de Cáceres), por la generosa cesión de una hectárea de su espléndido castañar de «El Soto». Por supuesto, hay que mencionar forzosamente el agradecimiento a la División General XII (Unión Europea) por la financiación recibida merced a los Programas *STEP* y *ENVIRONMENT.*

Mención especial a D. José ELORRIETA y ARTAZA por su obra *«El castaño en España»*, y su dedicación y defensa del castaño durante su vida profesional. Finalmente deseamos expresar nuestros deseos de agradecimiento a todas aquellas personas que nos animaron para finalizar este libro. Un recuerdo al Dr. C. FUENTES.

Finalmente, agradeceremos todas las críticas y sugerencias que recibamos de los lectores que puedan mejorar una posible y posterior edición de esta obra.

Los Autores.
Palencia, 21 de Marzo de 1997.
Día del Arbol.

Presentación

El acometer la publicación de un libro sobre el castaño *(Castanea sativa* Mill.) por parte de dos forestales y un biogeoquímico se debe a determinadas circunstancias que en ellos han concurrido, pero que fundamentalmente podría traducirse en la trayectoria de su trabajo durante bastantes años relativa al estudio, mejora y recuperación de esta seminoble especie, en parte olvidada por las gentes de áreas típicamente castañeras dada la despoblación de estas tierras, generalmente por causas socioeconómicas.

La majestuosidad de su porte, la belleza paisajística que provoca solo o mezclado con otros árboles, su gran longevidad, el valor nutricional de su fruto, y las posibilidades madereras como especie de crecimiento rápido en condiciones adecuadas, tendrían que hacernos recapacitar sobre la situación actual del castaño en España y propugnar un plan de conservación, mejora y plantación de este magnífico árbol.

La Obra se expondrá en tres partes teóricas; la primera abordará aspectos generales del castaño, la segunda disertará sobre selvicultura y fruticultura, mientras que la tercera ahondará sobre la fitopatología del castaño.

Pico Cervero (Salamanca), en cuya falda se asientan magníficos castañares de fruto (Escurial de la Sierra).
M. Berrocal. 1997.

Indice

CAPITULO 1

Introducción

Las masas de castaños (*Castanea sativa* Mill.), tanto las referidas a Monte Alto (cuyo fin principal es la producción de fruto selecto), como aquellas dedicadas a produción de madera y otros objetivos en formaciones de Monte Bajo, vienen siendo afectadas por dos enfermedades denominadas vulgarmente «tinta» y «chancro», hongos que afectan al sistema radical y a los troncos y ramas, respectivamente, siendo ambos patógenos los causantes de la desaparición de un número importante de castaños y de la dificultad de restaurar tierras desarboladas con este árbol.

Esta situación se ha ido agravando en las dos últimas décadas con el masivo abandono de los sotos (castañares de fruto) anteriormente sometidos a las necesarias medidas culturales que exigían estas masas, observándose en la actualidad una cierta estabilización de la enfermedad de la «tinta», mientras que el «chancro» sigue avanzando en el Noroeste de la Península Ibérica.

Las pérdidas que estas enfermedades provocan, tanto desde el punto de vista económico, paisajístico, ecológico y cultural, han implicado que en los últimos años se hayan realizado diversos estudios e investigaciones sobre el castaño en la Universidad de Valladolid (ETSIA de Palencia), en colaboración con la Consejería de Medio Ambiente y Ordenación del Territorio de la Junta de Castilla y León, y otras entidades de carácter provincial y local.

Por otra parte, se ha ampliado el conocimiento sobre la ecología y el manejo de los castañares madereros (tallares) gracias a dos Proyectos europeos en los que se ha participado, pertenecientes a los Programas *STEP* y *ENVIRONMENT* (División General XII, Bruselas).

Por la importancia que representa en estos momentos la acción patógena del «chancro» se han iniciado colaboraciones científicas y técnicas (*v.g.*: Acción *COST*) con otros países mediterráneos que padecen similar problemática, como son Italia y Portugal, con el fin de controlar el avance y virulencia de esta enfermedad. Precisamente, el país italiano está destacando por el éxito obtenido en cuanto a la utilización de métodos de control del «chancro» del castaño mediante lucha biológica a traves de la inoculación de cepas hipovirulentas compatibles y convertibles. La obtención del primer grupo E1 de cepas hipovirulentas hispanoitalianas en el verano de 1993, a las que habría que añadir otros grupos E2 y E3 obtenidos en España (Palencia 1995–1996), podría significar el inicio de nuevas posibilidades en la lucha y control contra el «chancro» del castaño.

C A P I T U L O 2

Aspectos botánicos y ecológicos

2.1. El árbol

De las trece especies existentes en las regiones templadas del hemisferio boreal, el *Castanea sativa* Mill. (foto 1) es la única presente en Europa. Cinco son del Asia Oriental: *(C. mollisima, C. crenata, C. henryi, C. seguinii y C. davidii).* Siete en Norteamérica: *(C. dentata, C. ozarkensis, C. ashei, C. paucispina, C. pumila, C. floridiana, C. alnifolia)*, y el restante es el castaño europeo anteriormente citado. En todo este grupo de castaños, los encontramos con distintas dimensiones y morfologías. *C. davidii, C. alnifolia* y *C. paucispima*, son de porte arbustivo; el resto tienen porte arbóreo, siendo el *C. dentata* el de mayor tamaño, llegando a los 35-40 metros (foto 1).

Aunque el área original del castaño es difícil de concretar debido a la antiguedad de su cultivo, éste se ha extendido espontáneamente en el área mediterránea, sobre todo en la parte Oriental, habiendo sido ampliamente cultivado en la Europa Central y Occidental. No fructifica en latitudes superiores a 48–50° de Latitud Norte.

El castaño está incluido dentro de la Familia *Fagaceae*, Subfamilia *Castaneoideae*, Orden Fagales. Adopta portes majestuosos con las ramas gruesas y rectas extendidas hacia lo alto; las inferiores más o menos horizontales y, en los cultivados, más cercanas al suelo. El árbol alcanza de 20 a 22 metros de alto, sobrepasando frecuentemente los 25 m pero raramente alcanza los 30 m.

Foto 1. (J) Desertización humana de áreas montañosas de castañares; aldea abandonada en la región de Cevennes (Francia). Alrededor del asentamiento y con exposición Sur se observa (en invierno) la antigua estructura de los extensos castañares de fruto, convertidos actualmente en talares.

Obviamente la altura depende del aclarado del bosque y de su manejo, tendiendo a alcanzar más altura en masas cerradas (tallares), y menos en ejemplares aislados para frutos (sotos o castañarejos); dependiendo también de la densidad del arbolado varía su forma externa, que es recogida y culminal cuando crece en espesura, pero tiende a esférica (cupulífera) cuando se individualizan y aislan los castaños. Así, los ejemplares aislados de los castaños de fruto raramente sobrepasan los 12 m de altura, dada la emisión de ramas laterales. El perímetro puede llegar a alcanzar los 6 u 8 m.

Sus hojas son simples, alternas y caedizas, pero algo marcescentes, de 10 a 20 centímetros de longitud. El peciolo es corto y el limbo oblongo lanceolado, agudo y acuminado, de 15×15 cm en los regoldos y de hasta 25 cm de largo en los cultivados, siendo en estos últimos también más ancho. Los bordes tienen dientes de sierra mucronados. El color de las hojas varía dependiendo de las distintas razas y variedades, existiendo siempre diferencia entre el haz de un bello color verde lustroso y el envés que es más pálido. Las hojas aparecen a principios de Mayo y en el invierno permanecen secas durante largo tiempo. La nerviación es pinnada, apreciándose mucho mejor en el envés (foto 2).

Los amentos masculinos, erectos e ininterrumpidos, están formados por glomérulos de 5 o 6 flores, a veces hasta diez, con una bráctea común ligeramente trilobulada. La flor masculina consta de un periantio doble, trímero,

8 o 12 estambres exertos y un rudimento de ovario. Las flores femeninas se encuentran en pequeños grupos, casi siempre en la base de los amentos masculinos, envueltas por una cúpula verde. Se reúnen en conjuntos de 3 a 7, amparadas por una cúpula común, acrescente, coriácea y espinosa. Poseen un ovario ínfero de 3 ó 6 carpelos, lóculos y estilos, soldado a un perigonio urceolado de 7 lóbulos. En muchos lugares estas flores de color amarillento–dorado se las denomina «candela del castaño», dando un aspecto maravilloso al árbol completamente florido. La ántesis sucede entre finales de Abril y mediados de Junio, siendo la fecundación tanto anemógama como entomógama.

Florece entre los meses de Mayo y Junio, dependiendo de la altitud del bosque. Fructifica a partir de los quince años, aunque con injertos se puede adelantar la fructificación bastantes años; la producción de castañas aumenta entonces con la edad, hasta alcanzar los cincuenta años. A partir de los 150 años la producción decrece de acuerdo con las condiciones del castañar. La pluviosidad estival mejora la producción, pero le afectan negativamente las heladas tardías, como el adelanto de las temperaturas bajas en otoño; es decir, está sujeto a las condiciones climáticas (foto 3). Quizás por ello se observa en las producciones la llamada «vecería», es decir, que existen ciertos años con mayor producción que los otros dos o tres anteriores y posteriores.

Foto 2. Detalle de la hoja del castaño, verde–lustroso y llamativo.

Foto 3. Erizos en pleno crecimiento.

El fruto (la castaña) es un aquenio ovoideo a subgloboso, ancho con una cicatriz de inserción en la base, pericarpio duro, lustroso y afelpado en el interior. La cúpula o «erizo», primero es verde, luego amarillenta, con espinas largas, ramosas, cubiertas con una pubescencia clara. En la madurez se abre en cuatro partes soltando en general 2 a 3 castañas.

Con la maduración anual, la dehiscencia de las cúpulas se da entre Septiembre y Noviembre, ocurriendo antes en los injertados. En éstos el tronco suele ser ancho y corto, comenzando la copa a baja altura, la cual tiene un aspecto esférico, siendo muy amplia y densa. En cambio, los regoldos que se encuentran en una espesura normal, poseen fustes rectos, largos y bastante más limpios.

El sistema radical es profundo, robusto y extendido, que tiende a asegurar el suministro suficiente de agua edáfica en el período seco; la raíz principal parece detenerse cuando cesa el crecimiento en altitud, potenciándose la ramificación lateral del sistema radicular que se empieza ya a formar a los dos años.

La corteza, inicialmente lisa y brillante de color marrón oscura, tiende con la edad hacia un color gris oliváceo, pasando a ser parduzca y resquebrajada. A los 20 o 25 años de edad, la corteza se agrieta originando un ritidoma espeso y característico de cordones espiralados.

En las ramas jóvenes se encuentran lenticelas suberosas transversales en forma de pequeñas pústulas blanquecinas.

Foto 4. «Castaño viejo» de San Román de Sanabria (provincia de Zamora), árbol milenario bastante deteriodado. Tiene actualmente un diámetro aproximado de 5.3 m y 35 m de altura.

Una de las características más importante del castaño es la longevidad, siendo frecuente encontrar ejemplares de cuatro o cinco siglos (se han citado ejemplares de hasta milenios como, por ejemplo, el «castaño viejo» de San Román de Sanabria (provincia de Zamora,) o el famoso «*Cento cavalli*» de Sicilia). Aunque su tronco ahueque, la alta capacidad de dar rebrotes de los tocones que se mantiene casi dos siglos, permite rotaciones contínuas de, por lo general, tres a seis lustros. Por su capacidad de regeneración y propagación tiende a formar masas puras (foto 4).

En España se la considera una especie de media sombra y de crecimiento medio a rápido, segun la calidad de la estación, siendo en sus primeras edades más bien rápido.

La distribución actual del castaño se debe en gran parte a la acción antropozoógena. Por razones económico-sociales (puesto que la producción del castaño parece estar menos expuesta a las adversidades estacionales que otros cultivos) las mayores difusiones se promovieron durante la época romana y en la Edad Media. Por el contrario, la extensión de la enfermedad de la tinta promovió el abandono de numerosas hectáreas de castañares de fruto, según ELORRIETA, a partir de principios del siglo XVIII en Extremadura y a finales del siglo XIX en la cornisa cantábrica, lo cual, según VIEITEZ y colaboradores, supuso en el Noroeste de España la desaparición del 80% de los castañares, afectados gravemente por esta fitopatología; pa-

Foto 5. (J) Soto en Gurezzano (Italia, primavera).

rece ser que el exceso de humedad favorece la aparición de las epidemias promovidas por hongos. Para agravar más aún esta situación, hacia los años 40 apareció en Europa el «chancro» o cáncer del castaño, que atravesó los Pirineos proveniente de Italia.

Además, la progresiva emigración de la población rural hacia la urbana desde los años 20 a los 60 ha sido, a su vez, efecto y causa de la pérdida de la importancia económica de los castañares.

El castaño (foto 5) aparece asociado a *climax* de bosques caducifolios del género *Quercus (Q. pubescens, Q. robur, Q. pedunculata, Q. pyrenaica)*, acompañando en el estrato arbustivo retamas *(Sarothamnus sp., Cytisus sp.)*, ericáceas *(Calluna vulgaris, Erica sp.)*, rosáceas *(Rubus sp.)* y helechos *(Pteridium aquilinum)*; en Extremadura, dan especial belleza invernal al castañar la aparición de arbustos perennifolios *(Ruscus aculeatus, Ilex aquifolium y Arbutus unedo)* y trepadoras *(Hedera helix)*.

Los castañares ocuparon una superficie comprendida entre las 140.000 a las 150.000 hectáreas en España, de las cuales se consideraban Montes Altos, no hace muchos años, entre 10.000 y 50.000 ha, dependiendo de los autores consultados.

En el Inventario Forestal Nacional de 1976 se señalaban 126.600 ha para el castaño (véase tabla 1 adjunta, que individualiza regiones y provincias). Para dar una distribución real actual sería necesario un nuevo inventario, ya que bastantes castañares de fruto que se estimaban en España (50.000 ha), o se han asilvestrado o degenerado, o incluso desaparecido por el ataque de la «tinta» o el «chancro»; en otros casos, se han convertido en Monte Bajo, de aprovechamiento maderero, a veces, con un mínimo ordenamiento forestal. Por tanto, las 75.000 ha de Monte Bajo de castañares que se indicaban hace años, han debido aumentar en los últimos veinte años.

Para hacer notoria la anterior observación, se exponen las superficies de castañares existentes en obras especializadas aparecidas en 1950 y 1976, comparándolas entre sí (tabla 1). Se observa que, teóricamente, entre esos años la superficie total de castañares prácticamente no se ha modificado.

No obstante, en la segunda referencia (1976) ya no se cuantifican los castañares de fruto, prueba de su escasa importancia, quedando reservados a pequeñas economías, asemejándonos a la situación francesa y contrastando con el vecino Portugal. Así, en otro inventario de ICONA (1986) la superficie de Monte Alto se reduce ya a 84.300 ha de castaño.

Los Montes Altos se aproximan a las 100.000 ha en cada inventario. La gran discrepancia es acerca de los Montes Bajos, que parecen haber disminuido desde más de 50.000 a unas 25.000 ha; esto quizás no sea correcto, pues repoblaciones rentables para madera tienen este tipo de manejo de montes con rotaciones de cortas a matarrasa cada 20 a 25 años, hacia donde han debido evolucionar los castañares antiguos de frutos, tras su tala o degradación por abandono. La conclusión, pues, es que se hace necesario un nuevo inventario que no incluya árboles aislados, o bosquetes abiertos en franca degeneración, o menores de 1 hectárea, o con evolución a bosque mixto, cuando no hacia su completa sustitución por otras especies.

También hay coincidencias y discrepancias en cuanto al reparto provincial. Es seguro que Asturias posee casi el 40% de los castañares (pero en el censo de 1950 sólo señalaba un 25%); bastante detrás quedan las provincias de Gerona y Lugo, con alrededor de un 10% cada una.

Más discutibles son las cifras referentes a León, Orense y Cáceres, que el censo de 1980 señalan comprender cada una el 10% de los castañares, mientras que en 1950 sólo se indicaban la mitad; es difícil de admitir que en los últimos 30 años los castañares han duplicado su extensión en esas provincias, cuando están, al menos en las dos primeras, en franco retroceso por abandonos y fitopatologías. Lo contrario se apunta para Navarra (véase tabla 1).

Por regiones, es claro el dominio de los castañares españoles (fotos 6a y 6b) en el Noroeste (alrededor de un 70%, unas 80,000 ha, con fuerte con-

Tabla 1. Superficie ocupada por castañares según inventarios de 1950 y 1980

Sector *Año*	*Provincias*	*Monte* *ha (1950)*	*Bajo* *ha (1974)*	*Monte* *ha (1950)*	*Alto* *ha (1974)*	*Frutales* *ha (1950)*	*Subtotal* *ha (1950)*	*Subtotal* *ha (1974)*
Vasconavarra		5.280	S.d.	5.550	S.d.	3.700	14.530	S.d.
	Navarra	4.300	S.d.	5.200	S.d.	1.800	11.300	S.d.
	Guipúzcoa	950	S.d.	350	S.d.	1.300	2.600	S.d.
	Alava	30	S.d.	0	S.d.	600	630	S.d.
Noroeste		23.570	11.220	2.545	77.382	23.580	49.695	88.602
	Santander	450	S.d.	200	S.d.	1.300	1.950	S.d.
	Asturias	18.000	10.975	1.400	36.693	6.500	25.900	47.668
	León	300	0	165	12.245	6.000	6.465	12.245
	Lugo	4.100	245	660	14.235	7.300	12.060	14.480
	Orense	680	0	120	14.209	1.900	2.700	14.209
	Pontevedra	40	S.d.	0	S.d.	580	620	S.d.
Oeste		4.830	1.167	650	10.595	3.830	9.310	11.762
	Salamanca	3.300	S.d.	200	S.d.	2.300	5.800	S.d.
	Avila	50	S.d.	150	S.d.	650	850	S.d.
	Cáceres	1.480	1.167	300	10.595	880	2.660	11.762
Andalucía		680	0	370	14.001	11.750	12.800	14.001
	Huelva	500	0	0	4.518	5.500	6.000	4.518
	Málaga	50	0	370	9.483	3.150	3.570	9.483
	Granada	130	S.d.	0	S.d.	3.100	3.230	S.d.
Cataluña		20.600	11.146	0	1.047	1.260	21.860	12.193
	Barcelona	1.600	S.d.	0	S.d.	110	1.710	S.d.
	Gerona	19.000	11.146	0	1.047	1.150	20.150	12.193
Canarias		0	0	0	0	450	450	S.d.
Resto		610	S.d.	50	S.d.	1.400	2.060	S.d.
	Otras	610	S.d.	50	S.d.	1.400	2.060	S.d.
España	Total ha	55.570	23.533	9.165	103.025	45.970	110.705	126.558

(S.d.: Sin datos).

Fotos 6a y 6b. (J) Vistas de verano y otoño de un castañar talar de la Sierra de Gata (al fondo la penillanura extremeña). La explotación de la madera de estos Montes Bajos es actualmente rentable, y se extienden a la largo del Sistema Central fronterizo entre las regiones autonómicas de Castilla y León y Extremadura.

centración en Asturias); muy detrás quedan Cataluña, Andalucía y Extremadura (que prácticamente las tres suman lo restante, esto es, unas 10.000 ha cada una de estas regiones autonómicas).

La región española más productora de castañas es Galicia, que contabilizó en 1987 una producción de 16.000 tm, correspondientes a más de una docena de variedades (Amarelante, Amarela, Negral, Verde, Blanca, Famosa, Longal, Ventura, Rapada, Loura, Luguesa, Inxerta, Parede, Raigona, Garrida, etc.).

En Portugal hay tres distritos tradicionales donde el castañar aún goza de gran interés: Bragança (con 18.000 ha, de las cuales 17.000 ha se consideran Monte Alto, dedicándose unas 12.000 ha a fruto que producen una 33.000 tm /año de castañas), Vila Real (con 10.000 ha de Monte Alto, de las cuales 3.800 ha son sotos que producen unas 12.000 tm /ha de castañas) y Guarda (con 9.500 ha de Monte Alto); del resto de Portugal sólo merece citarse Viseu, con 5.500 ha de castañares.

En total, los castañares ocupan en Portugal una extensión de 51.000 ha (la mitad que en España), de las cuales 48.000 ha son de Monte Alto, en un gran porcentaje con dedicación a fruto, a pesar de que el rendimiento medio anual nacional de castañas es bajo, del orden de 40 kg/castaño (que equivale a poco más de 3 tm /ha).

No obstante, los últimos inventarios de castañares también dan una reducción de su distribución, a pesar de que el área potencial del castañar de fruto en Portugal es alto; sólo en el distrito de Bragança se ha valorado un área potencial superior a las 50.000 ha y en el de Vila Real de 8.000 ha; en total, podrían repoblarse de castañar más de 500.000 ha en Portugal, en su mayoría en las cuencas de los ríos Miño y Duero.

2.2. Clima y suelo

2.2.1. Condicionantes abióticos

2.2.1.1. Altitud

Se instala en climas templados de la región circunmediterránea, con veranos cálidos y húmedos e inviernos suaves; de ahí su preferencia por las zonas costeras o montañosas. La altura topográfica óptima del castaño se establece en España entre los 500 y los 1.200 metros sobre el nivel del mar (m.s.n.m.), aunque puede encontrarse también tanto a nivel del mar como en alturas de unos 1.500 m (como sucede en Sierra Nevada). De las diferentes especies del género *Castanea*, el *C. sativa* Miller parece ser la mejor adaptada a la sequedad estival.

2.2.1.2. *Clima*

La precipitación anual del área de los castañares es normalmente superior a los 1.000 milímetros/año (especie mesófila), pero puede disminuir en algún caso (o algún año en su variación interanual), pues lo que se requiere es humedad edáfica estival suficiente; si el suelo es lo suficientemente profundo, la reserva edáfica puede paliar la menor precipitación estival. El castaño se ubica preferentemente en situaciones abrigadas y frescas; no busca el abrigo térmico, pues resiste bastante bien el frío invernal, sino más bien la humedad de las umbrías en el periodo estival; el calor estival se requiere para lograr una buena maduración del fruto. Por tanto, el castaño es moderadamente heliófilo. Admite precipitaciones superiores a los 2.000 mm/año, siempre que el drenaje sea excelente.

2.2.1.3. *Suelos*

Los suelos sobre los que se instala suelen ser sueltos, profundos, húmicos y sin carbonatos o sales. Obviamente, el hecho que sean sueltos (arenosos o francos) lo exige su potente sistema radicular, que puede tener dificultades de instalarse en suelos pesados (limosos o arcillosos); otro tanto puede decirse respecto a la profundidad, que frena no sólo el desarrollo vertical de las raíces, sino que también impide el almacenamiento de agua edáfica, que es el factor limitante del castaño en su crecimiento estival.

2.2.1.4. *Calcio y acidez*

Han existido fuertes discusiones sobre si el castaño se puede considerar una planta calcífuga o acidófila. Es conocido que los castaños abundan sobre roquedos ácidos (granitos, pizarras, esquistos), pero es obvio que son las rocas que abundan en las montañas con alta pluviometría del Oeste ibérico; no obstante el hecho de encontrar castañares en el País Vasco e Italia sobre calizas, indica que el castaño puede instalarse sin problemas en suelos neutros, incluso básicos, pero sin alta presencia de caliza activa en la masa del suelo; es decir, que el suelo se encuentre descarbonatado en su mayor parte, a pesar que puedan existir piedras o gravas calizas. También en la provincia de Huelva pueden encontrarse estupendos castañares sobre rocas básicas, que originan suelos neutros. Por tanto, la lógica señala que aunque el castañar se instala bien en suelos ácidos, también puede instalarse en suelos neutros o básicos, con tal de que exista caliza activa en baja concentración (algunos prefieren denominar a este comportamiento «oxífilo»); por tanto, rehuye de la existencia tanto de caliza activa, como de salinidad (suelos alcalinos); sólo en este sentido se puede decir estrictamente que el castaño es calcífugo. El error inicial pudo estar en que los suelos mejores de las zonas montañosas se dedicaron a praderas o huertas, relegando los castañares a las zonas de más difícil topografía o suelos más infértiles, como ha sucedido con otras especies forestales.

2.2.1.5. Potasio

Lo que sí está comprobado es que el castaño es exigente en potasio, lo cual no suele ser gran problema en los suelos graníticos, aunque sí pueden serlo en los castañares desarrollados sobre pizarras y esquistos.

2.2.1.6. Autoecología

GANDULLO y colaboradores han estudiado la autoecología de los castañares extremeños y asturianos, teniendo en cuenta gran número de variables topográficas, climáticas y edáficas, en una búsqueda de los valores óptimos de los parámetros seleccionados. Dado el alto número de muestreos, se pueden extrapolar los resultados obtenidos a los castañares gallegos y de la cornisa cantábrica; más arriesgado sería la extrapolación a los castañares de Cataluña y Andalucía oriental, pero hay que considerar que las grandes masas de castaños se encuentran en el Norte y Oeste de la península Ibérica.

Altitud. Los resultados indican que los castañares se encuentran entre los 500 y 900 m s.n.m., normalmente en fuertes pendientes (resultado del tipo de aprovechamiento de las áreas de montaña, como se dijo anteriormente), con cierta preferencia a localizaciones de umbrías.

Pluviometría. La pluviometría estival suele superar los 100 milímetros y la primaveral los 250 mm, siendo aún más abundantes las lluvias de otoño e invierno, lo cual tiende a acidificar el suelo, puesto que el árbol está en periodo de inactividad invernal. Por tanto, lo normal es que se superen los 1.000 mm/año de lluvia, siendo escasos los castañares que se instalan por debajo de los 850 mm/año (en esto se asemeja al rebollar, *Q. pyrenaica* Willd., por lo que es frecuente encontrarlos en las mismas áreas). Se ha citado que las excesivas lluvias en la época de fecundación (fines de Mayo a Junio) le afectan negativamente, así como un exceso de humedad a finales del verano.

Temperatura ambiental. La temperatura media anual suele superar los 10 °C, aunque a partir de los 14 °C el castaño se encuentra más raramente, ya por ser zonas de montañas donde no llegan a alcanzar esas temperaturas, bien por aumentar demasiado la evapotranspiración estival y agotarse las reservas hídricas del suelo; por ello es raro encontrar castañares con temperaturas del mes

Foto 7a y 7b. (J) Aspectos de suelos bajo castañares de la Sierra de Béjar. Izquierda: Suelo humoarenosolimoso (*Cambisol húmico*) sobre granitos en Candelario (provincia de Salamanca). Derecha: Suelo franco húmico (*Cambisol húmico*) sobre granitos en Hervás (provincia de Cáceres).

más cálido superiores a 24 °C, pero tampoco inferiores a 15 °C, siendo bastante exigente en cuanto a la temperatura media del mes más frío, que oscila alrededor de los 5 °C; esto último indica que el castañar rehuye de las fuertes heladas (el límite de la temperatura media del mes más frío se sitúa en 1 °C, aunque puede soportar bien temperaturas negativas durante los meses invernales), pero también de inviernos demasiado benignos; hay que tener en cuenta que el castaño es sensible a las heladas tardías, que le afectan muy negativamente (sobretodo a los castañares de fruto) por dañar yemas y brotes tiernos. Como consecuencia, la oscilación térmica media gira en torno a los 15 °C. Los márgenes de temperaturas medias anuales que se citan en España e Italia para el castaño son 8 a 15 °C, por lo que los castañares españoles se inclinan más bien hacia la zona más cálida. En cuanto a la orientación, el castaño rehuye la orientación Sur, tanto por la mayor evaprotranspitación, como por el adelanto que significa en la foliación, lo cual se traduce en un mayor peligro de ser afectado por las heladas tardías. Parece ser que la temperatura tiene importancia en la forma arbórea o arbustiva del castaño, favoreciendo la baja temperatura la primera.

Suelos. Los castañares, como especie que se restringía a las zonas menos fértiles, se instalan en suelos (fotos 7a y 7b) con frecuentes a abundan-

Tabla 2. Datos fisicoquímicos edáficos de castañares de madera

Lugar (Provincia)	*Tipo de suelos*	*Horizontes*	*Prf. cm*	*pH*	*T me/kg*	*V %*	*Ca cambio kg/ha*	*Mg cambio kg/ha*	*K cambio kg/ha*
Candelario	*Cambisol*	Ah1	0-20	5,1	175	19	490	146	1.642
(Salamanca)	*húmico*	Ah2	20-40	5,1	121	7	245	t	469
		ABw	40-60	5,2	118	14	184	36	704
		Bw	60-80	5,5	112	9	184	36	587
		BC	>80	5,5	106	8	245	t	352
Hervás	*Alsol*	Ah1	0-15	5,5	349	47	6.304	1.859	587
(Cáceres)	*húmico*	Ah2	15-60	5,7	155	30	1.897	292	469
		B	60-90	5,1	112	41	1.836	437	235
		BC	90-130	4,8	125	44	2.203	583	235
San Martín	*Cambisol*	Ah1	0-25	5,2	172	18	979	474	235
de Trevejo	*húmico*	Ah2	25-35	5,2	163	20	1.040	474	352
(Cáceres)		Bw	35-60	5,0	155	3	184	36	117
		BC	60-90	5,2	102	2	61	t	117
		C	>80	4,9	94	11	122	36	117

(T: Capacidad total de cambio catiónico; V: Porcentaje de saturación de bases; me: miliequivalentes; t: trazas).

Tabla 3. Datos fisicoquímicos edáficos de castañares (frutos)

Lugar (Comarca) (Uso)	*Tipo de suelos*	*Horizontes*	*Prf. cm*	*pH*	*T me/kg*	*V %*	*Ca cambio kg/ha*	*Mg cambio kg/ha*	*K cambio kg/ha*
Aracena	*Cambisol*	Ap	0-20	6,6	291	70	8.874	1.932	352
(Huelva)	*crómico*	Ah	20-40	6,8	233	67	6.304	1.823	235
(fruto)		BC	40-90	6,7	251	43	4.162	1.349	117
Pinofranqueado	*Cambisol*	Ah1	0-15	5,0	416	12	1.775	547	235
(Las Hurdes)	*húmico*	Ah2	15-25	5,1	374	10	1.163	437	235
(f. asilv.)		Bw	25-80	5,2	269	8	612	292	352
Valdastillas	*Cambisol*	Ah	0-35	5,5	209	46	2.142	1.057	352
(V. Jerte)	*húmico*	Bw	35-80	5,8	81	49	2.448	875	235
		BC	80-120	5,6	84	47	3.366	1.130	352
(fruto)		2C	>120	5,2	161	43	5.753	2.223	235
Candelario	*Cambisol*	Ah1	0-20	5,3	143	50	2.326	474	1.760
(S.ª Béjar)	*húmico*	Ah2	20-40	5,0	123	28	551	182	938
		BA	40-60	5,0	100	22	673	73	704
(f. asilv.)		Bw	>60	5,0	67	11	122	36	469

(T: Capacidad total de cambio calórico; V: Porcentaje de saturación; f. asilv.: Soto asilvestrado; me: miliequivalentes).

Tabla 4. Datos fertilidad edáfica de castañares (madera)

Lugar (Provincia)	*Geología*	*Tipo de suelo*	*Horizontes*	*Arcilla %*	*Textura*	*M.O. mg/g*	*N mg/g*	*C/N*	*P kg/ha*	*Asimilables Ca kg/ha*	*K kg/ha*
Candelario	Granitos	*Cambisol*	Ah1	13	Franca	85	2.8	18	30	160	830
(Salamanca)	(1.200 m)	*húmico*	Ah2	12	Franca	42	1.8	14	20	t	444
			ABw	8	SL	31	1.1	16	24	t	344
			Bw	8	SL	20	1.0	12	24	t	261
			BC	7	SL	14	0.7	11	20	t	158
Hervás	Granitos	*Alisol*	Ah1	16	LA	91	3.2	17	31	775	934
(Cáceres)	(700 m)	*húmico*	Ah2	12	Franca	36	1.4	15	13	115	685
			B	19	Franca	4	0.3	7.9	13	190	374
			BC	24	LA	3	0.2	6.8	13	190	311
San Martín	Granitos	*Cambisol*	Ah1	15	SL	54	1.7	19	164	225	510
de Trevejo	(940 m)	*hùmico*	Ah2	15	SL	43	1.5	17	126	t	259
(Cáceres)			Bw	11	SL	23	0.9	15	79	t	237
			BC	11	Arenosa	12	0.6	12	35	188	234
			C	10	Arenosa	5	0.3	8.7	19	113	197

(SL: Arenolimosa; LA: Limoarenosa; M.O.: Materia orgánica edáfica).

Tabla 5. Datos fertilidad edáfica de castañarejos (frutos)

Lugar (Comarca) (Uso)	*Geología*	*Tipo de suelo*	*Horizontes*	*Arcilla %*	*Textura*	*M.O. mg/g*	*N mg/g*	*C/N*	*P kg/ha*	*Asimilables Ca kg/ha*	*K kg/ha*
Aracena	Calizas	*Cambisol*	Ap	14	Limosa	30	1.5	11.8	18	950	623
(Huelva)	(500 m)	*crónico*	Ah	14	LA	19	1.0	10.4	18	825	423
(fruto)			BC	15	LA	8	0.5	9.6	13	413	257
Pinofranqueado	Pizarras	*Cambisol*	Ah1	17	LA	121	3.1	22.3	37	t	332
(Las Hurdes)	(500 m)	*húmico*	Ah2	15	LA	101	2.3	25.1	11	t	261
(f. asilv)			Bw	12	Limosa	68	2.2	17.5	11	t	141
Valdastillas	Granitos	*Cambisol*	Ah	21	LA	106	3.4	17.9	44	1.000	1.494
(V. Jerte)	(720 m)	*húmico*	Bw	12	F	14	0.8	10.3	13	450	581
			BC	12	F	4	0.4	6.4	13	500	519
			2C	22	F	3	0.4	5.4	13	913	403
Candelario	Granitos	*Cambisol*	Ah1	15	F	61	2.3	15.5	59	463	726
(S.ª Béjar)	(1.150 m)	*húmico*	Ah2	16	F	47	1.8	16.0	18	93	386
			BA	16	F	33	1.3	14.5	11	t	245
(f. asilv.)			Bw	16	F	13	0.7	1.3	11	t	203

(SL: Arenolimosa; F: Franca; M.O.: Materia orgánica edáfica; f. asilv.: Soto asilvestrado).

Tabla 6. Datos fertilidad de sotos portugueses (S.d.: sin datos)

Lugar (Uso)	*Geología (Altitud)*	*Medias Pluviosidad (Temperatura)*	*Suelo*	*Horizontes*	*Prf. cm*	*Textura*	*pH*	*M.O. mg/g*	*N mg/g*	*C/N*	*P kg/ha*	*T me/kg*	*V %*	*Ca cambio kg/ha*	*Mgf cambio kg/ha*	*K cambio kg/ha*
Tras-os-	Esquistos	1.100 mm	*Cambisol*	Ap	0-30	LA	5.3	39	1.5	15	141	26	41	477	26	223
Montes	(900 m)	(11.5°C)	*húmico*	ABw	30-60	LA	5.2	13	0.6	13	27	22	27	233	11	211
(fruto)				Bw	60-100	LA	5.2	10	0.5	11	18	25	31	306	29	235
				BC	>100	Limosa	5.1	6	S.d.	S.d.	15	31	28	398	22	188
Tras-os-	Esquistos	800 mm	*Cambisol*	Ap	0-20	LA	5.3	12	0.7	10	39	34	65	673	219	575
Montes	(650 m)	(12.0°C)	*dístrico*	Bw	20-80	Limosa	5.4	8	0.5	9.7	12	24	41	263	102	305
(fruto)				BC	>80	Limosa	5.5	6	S.d.	S.d.	12	15	58	282	62	258

(LA: Limoarcillosa; M.O.: Materia orgánica edáfica; T: Capacidad total de cambio catiónico; V: Porcentaje de saturación de bases; me: miliequivalentes).

tes piedras y gravas (consecuentemente con las pendientes), permitiendo una fuerte amplitud en el contenido de arenas en el suelo, pero muy exigentes en cuanto al de arcilla, pues escasean aquéllos en cuanto ésta supera el 30% de la tierra fina (suelos arcillosos), sin duda por la impenetrabilidad del suelo a las raíces y/o problemas de permeabilidad (encharcamiento); por ello, necesitan la presencia de limo (más del 25%, aunque menos del 50%, que daría lugar a malas condiciones físicas), quien cobra singular importancia en las propiedades fisicoquímicas del suelo ante la escasez de arcillas (véanse tablas 2 a 6).

Materia orgánica edáfica. La materia orgánica edáfica (M.O.) fluctúa bastante (entre 1 a un 5%), pues depende de la pluviometría y la temperatura (medias anuales), parámetros que condicionan el ritmo de mineralización de aquélla; pero, en general, corresponden a valores de medios a bajos (tablas 2 a 6), estando quizás condicionada en gran parte por el manejo de explotación de los castañares. Dado que el castañar es una especie relativamentemente exigente, en parte debido a su fuerte crecimiento, un bajo contenido en materia orgánica puede indicar que el castañar puede tener carencias nutricionales, principalmente de Nitrógeno.

Régimen hídrico. En cuanto al régimen hídrico, la evapotranspiración media anual calculada para el área de castañares es de 700 mm/año, lo que representa un déficit estival calculado de unos 250 mm, que tiene que ser repuesto por el agua retenida por la masa del suelo; obviamente déficits superiores a los 300 mm/año empiezan a ser difícilmente compensados por la masa del suelo, a no ser que éste sea muy profundo, poco pedregoso y de naturaleza franca (o bien se utilicen riegos más o menos programados); por ello, son raros los castañares a partir de los 400 mm/año de déficit estival, y deben estar afectados por el estrés hídrico o exigen ser regados metódicamente, como en algunas zonas de la provincia de Granada. La sequía ambiental, pues, en los castañares puede ser nula o comprender toda la estación veraniega (tres meses), pero deben ser las características del suelo quienes palíen aquélla; si ésto no sucede, los castaños sobreviven gracias a los riegos, desapareciendo aquéllos en cuanto cese éste. Una de las características del área de los castañares es la existencia de un exceso de agua invernal (que se debe perder como agua de drenaje o, perjudicialmente por los efectos erosivos, como agua de escorrentía superficial); este exceso de agua es el que promueve la acidificación de los suelos, a la cual parece estar adaptado el castaño, y de ahí su fama como calcífugo; así, se encuentran fuertes superávits, que pueden alcanzar los ¡1000 mm anuales!, aunque es frecuente se superen los 500 mm de agua. De ahí que los castañares estén asociados a arroyos de cabeza de vertientes, cuando no a ríos importantes (Alagón, Sil, Ibor, Lanjarón, etc.), pues los drenajes calculados superan fácilmente los 500 mm/año.

Humedad edáfica. La humedad equivalente del suelo y la capacidad de retención de agua son muy variables, pero con valores medios a bajos (en general, del 20 a 30%, y del 50 al 200%, respectivamente, de la masa del suelo), y suelen estar en función de los porcentajes de limo y materia orgánica en el suelo. Hay que tener en cuenta que, en todo caso, los castañares exigen una buena permeabilidad; el encharcamiento causado por un mal drenaje les afecta negativamente, puesto que favorecen fitopatologías (micosis).

Acidez edáfica. En consonancia con lo anterior, la acidez del suelo suele ser acentuada (pH entre 4.5 a 5.0 en su gran mayoría), aunque ya se dijo que estos valores hay que reconsiderarlos si se incluyeran los castañares de la mitad Este de la Península Ibérica. Los castañares extremeños suelen ser más ácidos que los cantábricos, probablemente por ser más arenosos.

Calcio edáfico. El castaño es relativamente exigente en Calcio (Ca), aunque no tolera el carbonato de calcio activo; un exceso de Calcio edáfico puede ser mitigado con abundancia de Potasio en el suelo (quizás por un efecto de antagonismo); así, aquél se desarrolla mal en suelos muy ácidos (pH inferiores a 5.0), al sufrir carencia de Calcio. Existe, pues, un bombeo de Calcio por las raíces del árbol, desde los horizontes inorgánicos inferiores del suelo al horizonte húmico superior con la caída de hojarasca, que se refleja en los análisis de Calcio extraíble del horizonte superficial de muchos suelos (tablas 2 a 6). De ahí el efecto negativo que se infieren a los castañares desarrollados sobre suelos ácidos con la retirada de la broza en la nutrición de algunos elementos mayores (Nitrógeno, Fósforo, Calcio); afortunadamente esta práctica casi ha desaparecido pero, por desgracia, dejarla aumenta el riesgo de fuegos estivales cuando la descomposición de la hojarasca no es suficientemente rápida.

Potasio edáfico. Las deficiencias de Potasio (K) pueden darse, por tanto, en suelos sobre pizarras o sedimentos escasos en nutrientes (bases); más raro es encontrarlas en suelos graníticos, aunque el lavado constante producido por las altas precipitaciones puede ocasionar dicha deficiencia, dada la alta demanda de los castaños de aquel bioelemento (tablas 2 a 6).

Fósforo edáfico. Por otra parte, es frecuente la deficiencia de Fósforo (P) en los castañares, debido a que las formas asimilables de este elemento son bajas por la fijación del Fósforo soluble por los sesquióxidos libres de Hierro (Fe) y Aluminio (Al), abundantes en los suelos ácidos. En este sentido, los castañares situados en suelos neutros del Norte de España pueden tener unas condiciones mejores en cuanto a la nutrición de Fósforo, aunque en algunos suelos de Vasconia e Italia la mayor presencia de Calcio originan también problemas de antagonismos con Potasio y Magnesio (Mg) e insolubilidad de Fósforo. A pesar de ello, GALLARDO y colaboradores encontraron altos contenidos de Fósforo asimilable en un tallar de la Sierra de

Foto 8 (J). Evolución y avance del frente húmedo en suelos (*Cambisoles húmicos*) de la Sierra de Gata (Sistema Central español) con diversas pendientes, tras las primeras lluvias otoñales.

Gata, debido probablemente a abonados anteriores, cuando dicho castañar era un soto; por tanto, la historia del bosque puede también condicionar la nutrición forestal.

Resumiendo, los castañares se ubican en España en comarcas con régimen templado–cálido, pero cercano al límite con el templado–frío, por el doble juego de sus necesidades hídricas (altas) y de temperaturas (relativamente altas). Precisamente las diferencias que se encuentran entre los castañares extremeños y los cantábricos se refiere sobre todo a las temperaturas y pluviosidad veraniegas, que repercuten lógicamente sobre el déficit estival, por lo que los primeros buscan alturas mayores.

2.2.1.7. Aspectos edáficos de los castañares ibéricos

Como síntesis, se comentan, a continuación, algunos suelos españoles seleccionados (foto 8), bien tallares o antiguos sotos, comparándolos con sotos actualmente productivos del vecino Portugal.

En relación con los tallares españoles se han tomado tres en producción del Oeste español (tablas 2 y 4): uno en Candelario (provincia de Salamanca), otro en la cercana Hervás y el último en San Martín de Trevejo (ambos en la provincia de Cáceres). Los tres poseen suelos profundos (de más de

80 cm) y se desarrollan sobre granitos, originándose texturas francas en superficie y arenolimosas en profundidad si la pendiente no es acusada (Candelario y Hervás); si lo es (San Martín de Trevejo) entonces es arenolimosa en superficie y arenosa en profundidad. La acidez edáfica a veces refleja la pluviometría, dando pH menos ácidos los suelos con menos lluvia (Hervás). La cantidad de materia orgánica es alta, a no ser que la pendiente sea fuerte (San Martín de Trevejo) y exista arrastre de hojarasca superficialmente. La cantidad de Nitrógeno (N) total en superficie se puede considerar moderadamente alta, descendiendo la relación Carbono/Nitrógeno (C/N) desde alrededor de 18 en superficie a 8 en profundidad. El Fósforo (P) asimilable es bajo, lo que pudiera originar carencias de este bioelemento si las micorrizas no actúan con eficacia. La capacidad total de cambio catiónico (T) es de alta a media, pero con el inconveniente que está casi desaturada (V), salvo si la pluviometría no es alta (Hervás); en superficie la acción del ciclo biogeoquímico hace que, afortunadamente, la desaturación no sea tan grave como en profundidad. Por ello, salvo en Hervás, la cantidad de Calcio (Ca) de cambio o asimilable es baja, para lo que el castaño está adaptado, aunque es muy bajo en Candelario; la cantidad de Magnesio (Mg) de cambio es también baja, pero la de Potasio (K) de cambio o asimilable es variable, siendo baja en el caso de San Martín de Trevejo. Por tanto, se observan desequilibrios de estos tres bioelementos que el árbol debe superar fisiológicamente (*v.g.*: aumentando la superficie radicular), pero que redunda en una menor producción aérea, que es la que se aprovecha económicamente.

Respecto a los sotos, se han seleccionado cuatro (tablas 3 y 5), aunque probablemente en sólo uno (Aracena) se mantiene un manejo adecuado para la producción de castañas; los otros tres están prácticamente abandonados. Se observa que están a menores alturas que los tallares, no lejos de poblaciones humanas. Son suelos igualmente profundos, teniendo diversa litología, que se reflejan en las texturas (más limosas sobre pizarras) y en la acidez (siendo el pH más alto en Aracena, donde la roca tiene naturaleza básica). El contenido de materia orgánica es bajo cuando se labran estos castañares, pero se vuelve alto en cuanto son abandonados (asemejándose a los tallares). Paralelamente sucede lo mismo respecto al Nitrógeno (N), contrastando la baja relación Carbono/Nitrógeno (C/N) en el suelo de Aracena respecto a los otros. En cuanto al Fósforo (P) asimilable, el contenido sigue siendo bajo, incluso en el suelo de Aracena, donde no se debe fertilizar con Fósforo, o el Calcio (Ca) lo insolubiliza; quizás el de Valdastillas recibió algún aporte fosfórico en el pasado, y en el de Candelario, de Fósforo y Calcio (encalado). La capacidad total de cambio catiónico (T) es variable, desde muy alta en el suelo de Pinofranqueado a baja en el de Candelario, estando más saturada que en los tallares (salvo en el de Pinofranqueado), bien por la naturaleza caliza de la roca básica en Aracena, o por antiguas enmiendas en los otros dos sotos. Siguen observándose fuertes diferencias entre los suelos en cuanto a la cantidad de nutrientes de cambio o asimilables, aunque en algún caso se ha intentado corregir por el agricultor, sin llegarse a un buen equilibrio.

Para contrastar, la tabla 6 muestra las caracterísitcas edáficas de dos sotos portugueses en plena producción. Ambos suelos son profundos y desarrollados sobre esquistos, por lo que la textura es limoarenosa (LA) en superficie a limosa en profundidad, aunque presentan una acidez (pH) muy similar a los sotos españoles. El contenido en materia orgánica, por contra, es más bajo, así como el de Nitrógeno y la relación entre ambos bioelementos (C/N), resultado del continuado cultivo; en uno de ellos se observa un alto contenido de Fósforo asimilable, probable resultado de la fertilización que recibe este suelo. La capacidad total de cambio catiónico (T) es media, encontrándose moderadamente saturada, también resultado de posibles enmiendas calizas; sin embargo, los nutrientes de cambio muestran valores más bien bajos, por lo que necesitan continuos aportes de fertilizantes si se quieren obtener buenas producciones de castañas.

No es de extrañar, pues, que MARTINS y colaboradores encontraran análogas características climáticas y edáficas de los castañares portugueses que en los españoles (foto 9): temperaturas medias de 12 °C, pluviometría de 800 a 1.200 mm/año, alturas entre 650 y 950 m s.n.m., suelos profundos, acidez entre 4.6 y 5.3 (sobre rocas básicas se observan pH cercanos a 6.4), porcentajes en arcillas entre 8 y 18%, y en materia orgánica de 0.6 a a 4% (de bajos a medios), relaciones C/N de 9 a 15, muy desaturados en bases (a no ser que estén sobre roca básica), siendo pobres en P extraíbles (frecuentemente menos de 30 kg/ha, a no ser que estén fertilizados).

2.2.2. Biomasa aérea

GALLARDO y colaboradores encontraron que existe una alta correlación entre la biomasa aérea (**B**, kg) y el diámetro (**d**, cm) de cada árbol de castaño, obedeciendo a la siguiente ecuación:

$$\mathbf{B} = 0.66_{*}\mathbf{d}^{2.65}$$

También encontraron relación entre la biomasa del tronco (**T**, en kg), ramas (**R**, kg) u hojas (**L**, kg) y el diámetro (cm) de cada tronco:

$$\mathbf{T} = 0.079_{*}\mathbf{d}^{2.51}; \qquad \mathbf{R} = 0.00047_{*}\mathbf{d}^{3.68}; \qquad \mathbf{L} = 0.00005_{*}\mathbf{d}^{3.94}$$

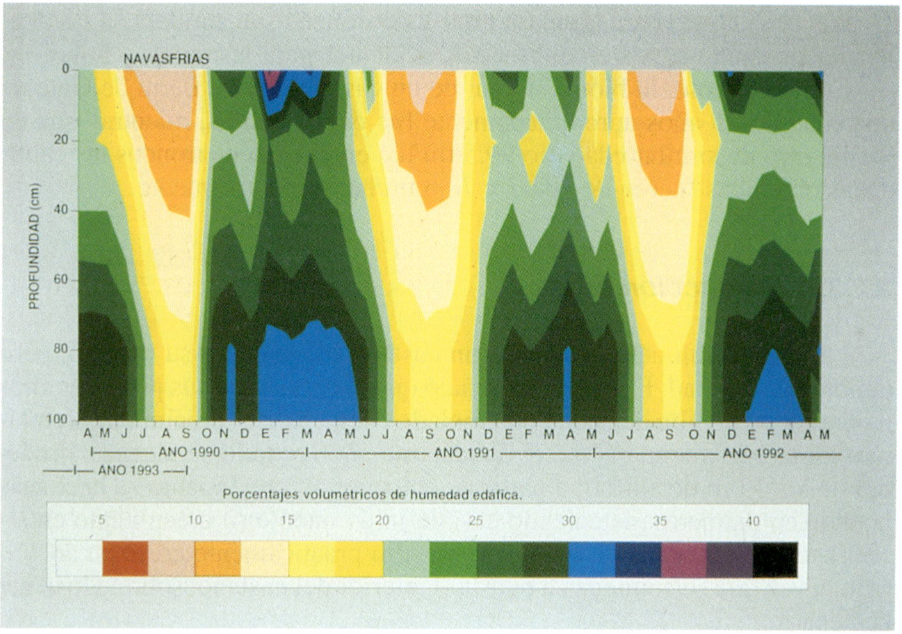

Foto 9. Evolución trianual de la humedad edáfica en un área de castañares en la Sierra de Gata (GALLARDO y colaboradores).

Estas ecuaciones son válidas para estimar la biomasa aérea en cada árbol de castaños en Monte Bajo, aunque su aplicación a Montes Altos no es tan buena, al depender de los aclareos y/o podas que hayan sufrido éstos. De todas formas, estas ecuaciones permiten calcular la biomasa total del castañar (en kg/ha), con tan sólo medir el diámetro de los árboles en una hectárea (o superficie menor representativa, multiplicando luego por el factor correspondiente), y contar el número total de pies.

La biomasa subterránea es más difícil de calcular, aunque algunos autores suponen que es alrededor de 1/5 la biomasa aérea; no obstante esta estimación debe considerarse meramente provisional hasta su comprobación.

RAPP y colaboradores han estimado la biomasa aérea media (**B**, kg) en Europa mediterránea de cada castaño, relaccionándola con el diámetro (**d**, cm) del tronco, obteniendo la siguiente ecuación:

$$\mathbf{B} = 0.075 * \mathbf{d}^{2.43}$$

Para el caso de los troncos (**T**), ramas (**R**) y hojas (**L**), obtienen las siguientes ecuaciones (siempre en kg):

$$\mathbf{T} = 0.064 * \mathbf{d}^{2.40}; \qquad \mathbf{R} = 0.070 * \mathbf{d}^{2.67}; \qquad \mathbf{L} = 0.154 * \mathbf{d}^{0.17}$$

Las ecuaciones para biomasa total y de troncos son similares a las arriba citadas, aunque existen diferencias evidentes para las ramas y hojas.

Como ejemplo, la biomasa total de un castañar de la Sierra de Gata de una edad de 25 años aproximadamente fue de 119 tm/ha, mientras que en Sicilia otro de similar edad dio 99.5 tm/ha; en el caso de troncos las cantidades obtenidas fueron de 104.7 y 78.6 tm/ha, respectivamente.

2.2.3. Producción aérea

La producción aérea anual de un castaño depende de su manejo, pero también de su edad. FENAROLI señaló que el castaño en sus primeros años (sobre todo con alta densidad de arbolado) tiene fuertes crecimientos en altura hasta aproximadamente el duodécimo año (cuando se alcanza alrededor de los 12 m de altura); a partir de entonces, el crecimiento se hace más notable en diámetro, deteniendo casi definitivamente su crecimiento en altura hacia los 60 años de edad, que ya sólo prácticamente crece en anchura, a la vez que se comienza a pudrir el interior del castaño, sobretodo al ser centenario.

El crecimiento del castaño es afectado por la densidad arbórea; así, GALLARDO y colaboradores en un Monte Bajo (talar) de la Sierra de Gata encontraron un crecimiento anual en diámetro (*DBH*) de 3.3 mm en las parcelas sin aclarar tras la tala, aumentando a 6.7 mm en parcelas con un fuerte aclareo.

ELORRIETA da las siguientes **tablas de crecimiento** medio anual en diámetro y altura, según la fertilidad del lugar:

Años	*Alta (mm)*	*Media (mm)*	*Baja (mm)*
0–6	7,3	7,1	7,0
6–12	4,5	4,3	3,8
12–18	5,3	4,5	3,8
18–24	4,8	4,5	3,8
24–30	4,8	4,3	3,8
30–36	3,5	3,8	3,8
36–42	3,5	3,3	1,2

Se observa que los fuertes incrementos de diámetros suceden en los primeros años del castaño, aunque son del mismo orden independientemente de la calidad del sitio; las diferencias se establecen más claramente en los crecimientos en diámetro con la edad. GALLARDO y colaboradores encontraron que en los primeros 4 años el incremento medio en diámetro de un tallar de la Sierra de Gata fue de 12 mm/año; en los siguientes 5 años ese incremento medio fue de 7 mm/año si no se aclaraba o sólo a la mitad (5000 pies/ha), y de 9 mm/año cuando se aclaró intensamente 2500 pies/cepa.

Sin embargo, la calidad del sitio sí se observa mejor en el incremento del crecimiento en altura en los primeros años del castañar que, al contrario, se ven amortiguadas las diferencias con la edad:

Años	*Alta (cm)*	*Media (cm)*	*Baja (cm)*
0–6	90	75	60
6–12	50	47	43
12–18	37	33	30
18–24	30	25	22
24–30	23	18	13
30–36	18	17	15
36–42	20	17	13

GALLARDO y colaboradores encontraron que en los primeros 8 años el crecimiento de un tallar de la Sierra de Gata fue de 0.6 m/año, siendo poco afectado este crecimiento en altura por el aclareo.

Se han citado producciones anuales de castañares de entre 6 m^3/ha (5.5 tm/ha) y 14 m^3/ha (13 tm/ha) de madera, siendo una alta producción en suelos de alta fertilidad cuando se alcanzan los 20 m^3/ha (18.5 tm/ha, suponiendo a la madera una densidad media de 0.92 tm/m^3); los castañares con menos de 3 m^3/ha anuales son poco productivos.

GALLARDO y colaboradores encontraron la siguiente producción aérea anual en un castañarejo asilvestrado de la Sierra de Béjar y en un castañar (tallar) de la Sierra de Gata (sin contar con el incremento del árbol):

Producción anual	*Sª. de Béjar*	*Sª. de Gata*
Hojas (tm/ha)	3,33 (53%)	3,43 (66%)
Ramas (tm/ha)	0,76 (12%)	0,98 (18%)
Amentos (tm/ha)	0,77 (12%)	0,39 (7,5%)
Castañas (tm/ha)	0,69 (11%)	0,13 (2,3%)
Erizos (tm/ha)	0,74 (12%)	0,20 (3,8%)
TOTAL (tm/ha)	6,25 (100%)	5,25 (100%)

Como se observa, a pesar del abandono del castañarejo de la Sierra de Béjar, éste tiene una producción más alta que el castañar de la Sierra de Gata. Más de la mitad de la producción aérea se debe a las hojas. Algunos selvicultores señalan que la relación hojas/ramas es un índice de productividad del bosque; en este sentido, dicha razón es favorable también a la Sierra de Béjar (4.4 frente a 3.5). En este mismo castañar encontraron un crecimiento medio anual de 3 mm/año, lo cual es bajo; sin embargo, los árboles dominantes (con más de 15 cm de diámetro y unos 25 años de edad) crecieron 4.4 mm/año, lo cual es estimable. Si se dan en área basal, el crecimiento fue de 28.6 m^2/ha en Mayo de 1991 a 32.8 m^2/ha en Agosto de 1995, lo cual da un crecimiento medio anual de alrededor de 1 m^2/ha. Si la altura media es de unos 11 m, significa una producción anual de algo más de 10 m^3 de madera (aproximadamente 10 tm/ha).

SERRADA y colaboradores relacionan el diámetro (**d**, cm) y la altura (**H**, metros) mediante la ecuación:

$$\mathbf{H} = 0.97\mathbf{d} + 2.49$$

que obviamente sólo considera los castaños más altos que 2.5 m (más de dos años) y, probablemente, hasta edades inferiores a treinta años, pues ya se sabe que el crecimiento en altura casi se detiene cuando se sobrepasan los 25 m.

GALLARDO y colaboradores encontraron la siguiente ecuación, similar a la anterior, para un talar de la Sierra de Gata:

$$\mathbf{H} = 0.86\mathbf{d} + 2.02 \qquad (r = 0.90)$$

siendo válidas las mismas observaciones anteriores.

RAPP y colaboradores dieron una producción anual de 3.20 y 2.98 kg/ha de hojas y 5.82 y 5.09 kg/ha en dos tallares de unos 25 años de edad en la Sierra de Gata (España) y en Sicilia (Italia), respectivamente; también se han citado producciones foliares en el Sur de Francia de 4.24 tm/ha en montes de dos años, y de 5.39 tm/ha en Montes Bajos de diez años.

Obviamente, los castañares de fruto dan menor producción aérea; se cita que un soto italiano da como producción media anual poco más 2 tm/ha de castañas, alrededor de 0.3 tm/ha de hojas (compárese con el Monte Bajo anterior anterior) y 0.7 tm/ha de ramas.

La producciones aéreas medias encontradas por PIRES y colaboradores en sotos del Tras–os–Montes portugués que se diferencian por su manejo fueron:

Producción anual	*Sin fertilizar*	*Fertilizado*
Hojas	2,41 tm/ha	1,97 tm/ha
Amentos	0,28 tm/ha	0,21 tm/ha
Erizos	0,37 tm/ha	0,70 tm/ha
Frutos	0,84 tm/ha	1,42 tm/ha
TOTAL	3,90 tm/ha	4,34 tm/ha

Téngase en cuenta que en los frutales no se considera la producción de ramas, por cuanto suelen ser podados. Esta producción de frutos debe considerarse, sin embargo, baja pues un buen soto puede producir del orden de 3,5 tm/ha de castañas.

2.3. Fitosociología

Existe una tendencia tradicional de los castañares españoles de formar masas puras, densas y agrupadas en rodales homogéneos sin que apenas existan mezclas naturales con otras especies arbóreas, existiendo una mezcla natural solamente en áreas de transición o por invasión de estas especies en sotos abandonados correspondientes a etapas regresivas de estos montes.

Las causas fundamentales de esta tendencia a formar masas puras son las siguientes:

1. En suelos profundos y frescos donde los castaños crecen rápidamente, forman una cubierta espesa en la que las especies de luz no pueden desarrollarse.
2. La abundancia de taninos en las cortezas, ramillas y hojas que componen posteriormente la hojarasca (y, luego, el humus) impide o dificulta la aparición de muchos de sus competidores.
3. Tradicionalmente, en sotos para la obtención de fruto de calidad, la realización de labores culturales correctas que se vienen haciendo desde la antigüedad.

Las mezclas e intercalaciones de especies que se presentan más corrientes en España junto al castaño, se encuentra como especies arbóreas la encina (*Quercus ilex*), el rebollo (*Q. pyrenaica*), el quejigo (*Q. faginea*), el haya (*Fagus sylvatica*), el carballo (*Q. robur*), el roble (*Q. petraea*), el aliso (*Alnus glutinosa*), el pino resinero (*Pinus pinaster*), el pino silvestre (*P. sylvestris*), el pino negral (*P. nigra*), el fresno (*Fraxinus sp.*), el sauce (*Salix sp.*), y el avellano (*Corylus avellana*).

Foto 10. Castaños entre encinas y alcornoques (Valencia de Alcántara, provincia de Cáceres).

En la zona de El Bierzo (provincia de León) y en parte de Galicia se están talando y eliminando numerosos sotos de castaños para sustituirlos por repoblaciones de *P. radiata*, especie alóctona de crecimiento rápido.

En las áreas que ocupan los castañares de las regiones de Extremadura y Andalucía sobresalen dos aspectos llamativos desde el punto de vista ecológico y fitosociológico. Respecto al primero de ellos se observa un cambio en cuanto a la ubicación de las masas de castaño desde el punto de vista orográfico. Ya no aparecen normalmente sobre laderas de montaña, situaciones de umbría en zonas de pendiente, sino que en muchos casos, los castaños de fruto de poblaciones tales como Valencia de Alcántara y comarca (provincia de Cáceres), están situadas en zonas bajas e incluso de vega, buscando precisamente la humedad del suelo que tanto necesitan en esa región. Esto hace un claro contraste con los castañares hermanos situados en la zona centro y Norte de España. La situación latitudinal de la distribución de estas masas meridionales del castaño en España da lugar a la magnífica masa continua de más de 600 ha productoras de fruto de la Sierra de Aracena, Jabugo, Castañar de Robledo, etc. (provincia de Huelva); éstas aparecen unas veces mezcladas, otras en vecindad, junto a grandes extensiones de alcornocales, encinares, robledales, jarales, olivares, fresnedas y espinos

Foto 11. Monte adehesado de castaño, encina y alcornoque, observándose un excelente pasto entre ellos.

blancos que contribuyen a crear un impresionante aspecto paisajístico de vivos colores, muy atractivo para el recreo y descanso de las personas que utilizan estos entornos como lugares de ocio. No se puede olvidar la creciente demanda de estos espacios.

En estos núcleos concretos de sotos de castaño productores de excelente castaña de fruto (que parte de ella es vendida a Portugal) existen magníficas y bien cuidadas dehesas de encinas y alcornoques con densidades superiores poco frecuentes de ver en Castilla y León (foto 10). Habría que desplazarse desde esta región gran número de kilómetros para llegar a encontrar algunos castañares dispersos en un estado deteriorado y abandonado de castaños en la Sierra de Guadalupe (provincia de Cáceres).

Como formaciones de sotobosque acompañando al castaño (foto 11) tenemos las siguientes especies: *Cytisus scoparius, Rubus ulmaefolius, Rosa canina, Arbutus unedo, Halimium alisoides, Cistus monspeliensis, Ulex europaeus, Erica cinerea, E. arborea, Genistella tridentata, Cistus ladaniferus, Pteridium aquilinum, Prunus spinosa, Cornus sanguinea, Ruscus aculeatus, Oxiris alba, Thimus zigis, Th. mastichina, Adenocarpus complicatus,* y *Genista florida.*

2.4. Anatomía del castaño

2.4.1. *Características generales*

La madera del castaño corresponde a una madera de buena calidad, considerada seminoble cuando esta especie de crecimiento rápido se encuentra en situaciones idóneas para su desarrollo. Consecuencia de ello, es la utilización de esta madera en las más variadas aplicaciones (construcción, puertas, ventanas, muebles, *parquets*, artesanía, utensilios, toneles y barricas, cestería...)

Los anillos de crecimiento se distinguen perfectamente, ya que en la madera de primavera aparecen enormes vasos, todo lo contrario que en los de verano, que son pequeños.

En cuanto a su dureza, se la puede clasificar de dureza media, siendo bastante flexible, sobre todo en árboles jóvenes, de grano fino, fácil de trabajar y ligera una vez seca.

La madera de castaño seca lentamente, aproximadamente 1 cm de tablón por año de secadero natural; tiene marcada tendencia al colapso y el curvado en verde es muy difícil, produciéndose la ruptura de las fibras. Estando seca la madera es más facil de curvar si prácticamente no tiene nudos, de ahí la importancia de los tratamientos selvícolas adecuados.

En la madera de castaño, tanto en verde como seca, existe una tendencia a embotar la sierra cuando se realiza el corte.

La densidad de la madera de castaño es aproximadamente de 0,92 tm /m^3, que baja a 0,60 tm/m^3 cuando el palo se seca completamente (perdiendo, por tanto, un 35% de humedad; obviamente, un secado menor da valores intermedios de densidad).

2.4.2. *Características fisicomecánicas*

La resistencia a la tracción es alrededor de 1355 kg/cm^2 y a la flexión de 1400 kg/cm^2, de forma que el coeficiente de elasticidad varía en razón inversa a la edad, siendo más flexible de joven. La madera seca presenta el mismo volumen sin contraerse, hincharse ni alabearse, siendo poco porosa.

2.4.2.1. *Defectos*

El principal defecto que aparece en los fustes de castaño recién cortados es la «acebolladura», que son roturas de la madera producidas entre anillos de crecimiento y a lo largo del eje del árbol, originadas por esfuerzos perpendiculares a las fibras que inciden sobre la madera, inutilizándola; ésta aparece en la base de los troncos.

La probabilidad de aparición de acebolladuras aumenta con la edad del castaño, cuya capacidad de resistencia intrínseca frente a este fenómeno es muy baja. También parece relacionada con las mayores probabilidades de *stress* hídricos en situaciones de baja pluviometría.

Para solucionar este problema, o por lo menos aumentar las posibilidades de que no ocurra:

– Se deben evitar las heridas grandes en los árboles.

– Reducir el turno de corta.

– Mantener un crecimiento regular y continuo de la masa, realizándose las claras a edades muy tempranas.

– Realizar la plantación en unas condiciones de estación buenas para el castaño.

Otro defecto son las pudriciones blancas y pardas que atacan a la madera mediante procesos enzimáticos provocadas por hongos saprófitos y de pudrición de árboles en pie y que son destructivos, provocando pudriciones blanquecinas y cúbicas que afectan a la lignina, celulosa y hemicelulosa, teniendo como origen la realización de podas abusivas y heridas naturales y antropogénicas. Las pudriciones dañan la extructura de la madera, siendo inservible para tal fin (foto 13).

2.4.2.2. *Características macroscópicas*

La madera es de color amarillo claro, de albura y duramen prácticamente indiferenciados. Los anillos de crecimiento están muy marcados, generalmente por dos o tres filas de vasos de primavera dispuestos en bandas concéntricas.

Los radios leñosos son difícilmente visibles, incluso a través de la ampliación mediante lupa. El parénquima no es visible, apareciendo en la sección transversal de la madera en masas compactas envolviendo a los vasos de primavera. Las fibras del parénquima son largas y tabicadas en las secciones tangenciales y radiales.

2.4.2.3. *Características microscópicas*

Los vasos se encuentran dispuestos en anillos porosos de diámetro muy variable. El número máximo por milímetro cuadrado es de 50 a 60 vasos con un diámetro comprendido entre 50 y 300 micras, y un grosor de las paredes de 4 a 7 micras. El diámetro de los vasos disminuye a medida que

Foto 12. Tronco de castaño con acebolladura. Monte Bajo con turno de aprovechamiento 90 años. La Honfría (1995, Linares de Riofrío, provincia de Salamanca).

avanza la profundidad del anillo; su forma es ovalada en los de primavera, siendo hexagonal en los de otoño, y no existiendo tabiques en ninguno de los dos. Las punteaduras son sencillas, de forma elíptica con areola circular y, a veces, ovalada. Las perforaciones son simples.

Los radios leñosos son de una sola clase, finos, uniseriados, muy raramente biseriados, numerosos y rectilíneos hasta alcanzar la altura de los vasos de primavera, que se ondulan para bordearlos como consecuencia del gran diámetro de estos últimos (foto 12).

Su número por milímetro cuadrado es de 8 a 12, con un grosor de 20 a 25 micras, localizándose en su contenido celular restos de sustancias resinosas.

Las fibras de primavera son poligonales y numerosas, siendo rectangulares y alargadas en sentido tangencial; las de verano poseen un diámetro máximo de 20 a 25 micras.

También aparecen fibrotraqueidas asociadas a las fibras sin engrosamientos helicoidales, así como el parénquima metatraqueal difuso y paratraqueal vasicéntrico parcial.

El contenido celular corresponde generalmente a vasos limpios con «*tyllos*» (expansiones vesiculares de las células que obstruyen los vasos conductores en mayor o menor grado), y en las células de algunos radios hay

Foto 13. Tronco de castaño en el que se aprecia el proceso de ahuecamiento.

alojadas sustancias protoplasmáticas solidificadas, así como en las células del parénquima (foto 13).

2.5. Biogeoquímica del castaño

2.5.1. Composición química del árbol

Un análisis químico de diferentes órganos de un castañar de la Sierra de Gata (realizado en Agosto) dio la siguiente composición (GALLARDO y colaboradores):

Bioelementos	*Hojas*	*Ramas*	*Troncos*
N (mg/g)	15,3±1,2	6,01±0,24	0,56±0,20
P (mg/g)	2,49±0,11	0,78±0,07	0,28±0,04
Ca (mg/g)	3,26±0,11	3,50±0,18	1,12±0,06
Mg (mg/g)	2,76±0,06	1,41±0,08	0,23±0,01
K (mg/g)	9,20±0,47	3,26±0,35	0,37±0,06

Como se observa, el Calcio (Ca) va teniendo importancia relativa en las ramas (alrededor del 25% del total de bioelementos de la rama), siendo ya claramente dominante en los troncos (más del 40%, aunque otros autores señalan que puede alcanzar el 75% del total de bioelementos del tronco en suelos neutros). Las variaciones que se observan en las ramas, aunque también existentes, tienen menos amplitud. Conviene, pues, en las explotaciones madereras de castañares, sobretodo en suelos pobres y ácidos, se tengan en cuenta las fuertes exportaciones que se producen de Calcio y, en menor medida, de Nitrógeno (N), Fósforo (P), Magnesio (Mg) y Potasio (K).

No parece que existan limitaciones en cuanto a las necesidades de micronutrientes (oligoelementos) en los castañares, aunque deben vigilarse sus contenidos en el suelo. Análisis (en Mayo) del mismo castañar de San Martín de Trevejo (Sª de Gata) aportaron los siguiente resultados:

Bioelementos	*Hojas*	*Ramas*	*Troncos*
Na (mg/kg)	260±10	150±10	390±30
Mn (mg/kg)	300±10	44±30	150±20
Fe (mg/kg)	54±4	19±1	10±1
Cu (mg/kg)	13±1	3±1	2±1
Zn (mg/kg)	25±2	24±1	6±1

Salvo el Sodio (Na), que tiende a concentrarse en los troncos, el resto de los micronutrientes se hallan en mayor concentración en las hojas que en las ramas o los troncos; la cantidad de Manganeso (Mn) frecuentemente está en relación con el pH del suelo, pues se incrementa su absorción por las hojas cuando el suelo es más ácido (y/o está peor drenado). Salvo el Zn, que también parece retraslocarse, las variaciones de la concentración de las hojas con el tiempo es poco o nada significativa.

RAPP y colaboradores dieron la siguiente composición para troncos y ramas de talares de unos 25 años de la Sierra de Gata (España) y Sicilia (Italia):

Organo *Lugar*	*Troncos* *Sierra de Gata*	*Troncos* *Sicilia*	*Ramas* *Sierra de Gata*	*Ramas* *Sicilia*
N (g/kg)	0,6	0,8	6,0	5,1
P (g/kg)	0,3	0,1	0,8	0,3
Ca (g/kg)	1,1	2,3	3,5	5,7
Mg (g/kg)	0,2	0,4	1,4	1,0
K (g/kg)	0,4	0,3	3,3	2,5

Se observa que los troncos apenas contienen bioelementos, salvo Calcio, que se acumula más en los castaños de Sicilia por su carácter más neutro. En ramas, por el contrario, el porcentaje de Nitrógeno aumenta drásticamente (casi se multiplica por 10); respecto a los otros bioelementos, es conocido que la abundancia de Calcio ocasiona una peor nutrición de Fósforo, que es observada en el talar siciliano, así como menor absorción de Magnesio y Potasio por fenómenos de antagonismo.

Por lo tanto, se deduce que la biomasa del árbol mantiene retenidos una serie de nutrientes en su seno, denominándose al conjunto de éstos mineralomasa. RAPP y colaboradores dieron la mineralomasa en talares de unos 25 años de la Sierra de Gata (España) y Sicilia (Italia):

Bioelementos	*Sierra de Gata*	*Sicilia*
N (kg/ha)	138	151
P (kg/ha)	29	12
Ca (kg/ha)	159	279
Mg (kg/ha)	44	49
K (kg/ha)	77	67

Los datos son muy similares en ambos talares, salvo para el Fósforo, que se retiene más en el castañar español, mientras que el Calcio se retiene más en el castañar italiano, por las razones antes aludidas.

2.5.2. Composición foliar

El contenido de bioelementos de las hojas puede indicar el estado nutritivo del castaño, puesto que parece existir correlación positiva entre el contenido de bioelementos de las hojas y de otros órganos del árbol; es decir, la concentración de elementos en las hojas reflejaría el estado de fertilidad del suelo. No obstante, este tipo de análisis foliar no puede ser aplicado de manera universal, y debe «calibrarse» previamente para regiones con condiciones abióticas homogéneas. Mayor limitación es la existencia de fenómenos de retraslocación del Nitrógeno y el Fósforo, por lo que hay que realizar el análisis siempre en fecha predeterminada (al inicio de la foliación, de la floración, o justo antes de la caída de la hoja).

Así, la composición de la hoja del castaño varía a lo largo del año; algunos bioelementos, como el Nitrógeno, disminuyen su porcentaje por retraslocación desde la hoja hacia la rama; otros, como el Potasio, se pierden por simple lixiviación; finalmente, los bioelementos que quedan en las hojas, como el Calcio, aumentan su porcentaje. Un análisis de las hojas de los castañares de madera (GALLARDO y colaboradores) de una veintena de años de San Martín de Trevejo (Sª. de Gata) da la siguiente composición (referido a 1 g de hoja seca a 80 °C):

Bioelementos	*Marzo '92*	*Junio '92*	*Setiemb. '92*	*Noviem. '92*
N (mg/g)	31,7±4,8	20,7±0,3	17,0±0,3	7,7±0,3
P (mg/g)	4,6±0,4	2,0±0,1	2,9±0,1	2,4±0,1
Ca (mg/g)	1,8±0,4	3,0±0,3	3,3±0,1	4,0±0,1
Mg (mg/g)	2,6±0,1	2,6±02	2,8±0,2	2,8±0,1
K (mg/g)	12,3±0,03	10,5±0,9	9,6±0,2	6,3±0,1

Se concluye, pues, que si se utiliza el diagnóstico foliar para calibrar la necesidad de fertilización del suelo hay que ser extremadamente preciso y cauteloso en el procedimiento e interpretación de datos.

Se puede comprender entonces que decir que un castaño de fruto posee una composición de 5.5 mg/g de Calcio y 1.1 mg/g de Potasio en las hojas no indica gran cosa acerca de la fertilidad del suelo o las posibles deficiencias del árbol. FENAROLI ya había observado la variación en castañares de fruto italianos, que pasaban de un contenido de 21 mg/g en Mayo a tan sólo 6 mg/g en Octubre. Respecto a otros nutrientes, se evidencian contenidos más altos de Calcio y de Potasio en aquellos por la naturaleza más neutra de los castañares italianos respecto a los españoles.

PIRES y colaboradores obtuvieron en Portugal la siguiente composición media de las hojas de castaño caídas al suelo, en sotos fertilizados y sin fertilizar:

Bioelementos	*Sin fertilizar*	*Fertilizado*	*Sª de Gata*
N (mg/g)	6,9	7,6	7,7
P (mg/g)	2,9	2,1	2,4
Ca (mg/g)	6,5	6,9	4,0
Mg (mg/g)	2,5	2,2	2,8
K (mg/g)	8,3	6,5	6,3
S (mg/g)	1,0	1,1	S.d.

Se observa que la fertilización sólo tiene repercursión significativa sobre la composición nitrogenada, aunque depende de la climatología del año. Se añaden también los valores obtenidos por GALLARDO y colaboradores en la Sierra de Gata para un Monte Bajo de unos 25 años de edad, a efectos comparativos. En cuanto en la comparación con el talar de la Sierra de Gata vemos que dan resultados bastantes similares; quizás este talar da valores más próximos al soto portugués fertilizado, dado la eficiencia del ciclo biogeoquímico de los nutrientes en el primero.

2.5.3. Composición de la castaña

Una castaña silvestre suele tener un peso de alrededor de 5 gramos; si se cultiva e injerta, el peso de la castaña aumenta a 20 ó 25 gramos, considerándose *marron* si el peso alcanza los 40 g o los sobrepasa.

La composición orgánica media de una castaña puede ser la siguiente (referidas a materia seca, resultados extraídos de autores españoles, portugueses e italianos):

Composición (mg/g M.s.)	*España*	*Portugal*	*Italia*
Materia seca (M.s.)	50%	47%	60%
Carbohidratos	800	N.d.	317
Proteínas	80	70	133
Grasas	60	15	50
Celulosas	40	25	50
Fibra neutra	N.d.	260	S.d.
Fibra acida	N.d.	30	S.d.
Lignina	N.d.	8	S.d.
Almidón	N.d.	540	417
Cenizas	N.d.	80	33

N.d.: Sin datos.

Se comprueba que las variedades de castañas dan bastante varianza en los análisis, independientemente que éstos estén o no normalizados (aunque sí corregidos respecto a la humedad de las castañas, ya de por sí variable). Como se deduce, la castaña es un fruto fundamentalmente energético, aunque con un estimable contenido en proteínas. Es poco digestiva, por lo que se suele tratar adecuadamente (asada, cocida, molida, etc.) para su consumo humano; raramente se come seca («pilonga») o en escasa cantidad. Antiguamente era de particular interés la harina obtenida de ella, más nutritiva (menor contenido en agua). Si se analizan las cenizas, se obtienen como medias los siguientes elementos minerales (resultados de España y Portugal):

Bioelementos	*España (mg/g)*	*Portugal (mg/g)*
Nitrógeno	6,5	11,2
Fósforo	1,8	1,4
Calcio	0,4	0,4
Magnesio	0,8	0,6
Potasio	5,2	7,5
Sodio	0,7	0,3
Manganeso	0,2	0,04
Hierro	0,04	0,04
Cobre	0,01	0,01
Azufre	0,4	0,6

Como se observa, hay variaciones notables de contenidos en bioelementos, sobretodo de Nitrógeno (N) y Potasio (K), dado que en Portugal se han realizado los análisis de frutos cultivados, mientras que los valores de España recogen frutos asilvestrados.

GALLARDO y colaboradores encontraron las siguiente composición para castañas silvestres encontradas en castañares de la Sierra de Béjar y Gata, respectivamente (referidos a total de cenizas):

Bioelementos/Cenizas	*Sierra de Béjar*	*Sierra de Gata*
Humedad	27%	N.d.
Cenizas	2,5%	N.d.
Carbono	400 mg/g	468 mg/g
Nitrógeno	10,2 mg/g	12,0 mg/g
Fósforo	1,0 mg/g	1,8 mg/g
Calcio	0,8 mg/g	1,3 mg/g
Magnesio	1,1 mg/g	1,5 mg/g
Potasio	5,3 mg/g	9,3 mg/g
Sodio	0,2 mg/g	0,4 mg/g
Manganeso	3 mg/kg	174 mg/kg
Hierro	10 mg/kg	38 mg/kg
Cobre	20 mg/kg	9 mg/kg
Zinc	60 mg/kg	19 mg/kg
C/N	40,5	37,0

N.d.: Sin datos.

Se observa que las composiciones de las castañas reflejan mayormente la características edáficas y el manejo, al estar ambas Sierras graníticas próximas entre sí y poseer variables climáticas bastante similares; destacan los valores más altos de la mayoría de nutrientes en los frutos de la Sierra de Gata (con menos producción de castañas, luego más concentradas en bioelementos), incluso una fuerte absorción de Manganeso (quizás debido a la acidez del suelo); por el contrario se absorbe más Cobre y Zinc en la Sierra de Béjar.

2.5.4. Retorno potencial de nutrientes

Si se conoce la composición química de la hojarasca producida anualmente y la producción de cada órgano que alcanza el suelo, se puede calcular (mediante una simple serie de multiplicaciones) el retorno de bioelementos que anualmente caen sobre el suelo. Ello no significa que estos bioelementos sean inmediatamente disponibles por los árboles, pues cada nutriente tiende a retenerse más (*v.g.*: Nitrógeno) o menos (*v.g.*: Potasio) tiempo en el mantillo que se humifica sobre el suelo, pero da una idea de la dinámica de aquéllos en el sistema (por ejemplo, si se retirara la hojarasca, se puede conocer cuántos kilogramos de cada bioelemento se ha eliminado del castañar y, por tanto, debe restituirse mediante fertilización).

GALLARDO y colaboradores han determinado el retorno potencial de nutrientes en dos castañares del Sistema Central español:

Bioelementos	*Sierra de Béjar*	*Sierra de Gata*
Carbono (tm/ha)	2.98	2.55
Nitrógeno (kg/ha)	63	58
Fósforo (kg/ha)	11	7,9
Calcio (kg/ha)	35	26
Magnesio (kg/ha)	11	13
Potasio (kg/ha)	54	22
Sodio (kg/ha)	9,1	2,1
Manganeso (kg/ha)	0,5	3,8
Hierro (kg/ha)	0,2	0,5
Cobre (kg/ha)	0,1	0,1
Zinc (kg/ha)	1,2	0,2

La cantidad de Carbono orgánico que cae anualmente sobre el suelo es cercana a 3 tm /año (entre 5 y 6 tm/ha de materia orgánica), mientras que de Nitrógeno alrededor de 60 kg/ha (razón C/N del orden de 50). El retorno potencial de Calcio y Potasio (de éste último el castaño es particularmente exigente) se evidencia ampliamente variable, dependiendo de las características edáficas; la mayor acidez de la parcela de la Sierra de Gata se observa tanto por la menor absorción de esos dos bioelementos, como por la mayor absorción de Manganeso.

Por tanto, el retorno potencial de bioelementos en el castaño decrece, en general, siguiendo el orden decreciente:

C>N>Ca>K>Mg>P>Na>Cu

El orden de otros oligoelementos (Mn, Fe, Zn), debido a sus bajos valores, depende de las características edáficas de cada lugar.

PIRES y colaboradores estimaron el retorno de bioelementos en dos castañares de fruto de Tras–os–Montes portugués, uno fertilizado y otro sin fertilizar:

Bioelementos	*Sin fertilizar*	*Fertilizado*
N (kg/ha)	30	37
P (kg/ha)	11	10
Ca (kg/ha)	18	26
Mg (kg/ha)	7,7	8,1
K (kg/ha)	35	40
S (kg/ha)	3,9	5,3

La densidad menor de árboles en los sotos explica el menor retorno de Nitrógeno y Calcio, siendo más alto para el primero en el soto fertilizado. El Fósforo (P) es, en todo caso, del mismo orden. El encalado del suelo fertilizado explica que se aumente el retorno de este bioelemento. Como resultado de antagonismo se observa un menor retorno de Magnesio (Mg) y, en menor medida, de Potasio (K). El Azufre (S) aumentó también su retorno por efecto de la fertilización.

RAPP y colaboradores han estimado que el retorno de la suma de bioelementos mayores por las hojas y la hojarasca total caídas en un año son de 75 y 104 kg/ha, respectivamente, en un talar de la Sierra de Gata (España), y de 91 y 164 kg/ha, respectivamente, en Sicilia (Italia), atribuyendo la diferencias encontradas a una mayor absorción de Calcio (Ca) en Sicilia, por el carácter más neutro del suelo.

2.5.5. Ritmo de descomposición foliar

Algunos investigadores han afirmado que la descomposición anual de la hojarasca puede ser tan alta como de un 94% en un castañar de diez años en el Sur de Francia. Esto no es tan cierto en España, donde la sequedad estival es más intensa y se denota una neta parada de descomposición durante el verano. GALLARDO y colaboradores han evaluado descomposiciones anuales de hojarascas de castaño del orden del 32% en la Sierra de Gata y del 22% en la Sierra de Béjar, aumentado al 44% y 30%, respectivamente, en la fracción foliar de aquella; las diferencias encontradas marcan diferencias climatológicas y edáficas. Experimentaciones de descomposición de hojas en bolsas de malla indican que, después de alrededor de tres años, se ha descompuesto el 70% de aquéllas en ambas dos Sierras, ya que dentro de las bolsas las hojas se ven menos influenciadas por el suelo. Partiendo de las citadas experimentaciones, esos investigadores han llegado a la conclusión que la cantidad de nutrientes procedentes de la hojarasca que realmente llegan libremente y disponibles al suelo cada año es muy diverso dependiendo de la climatología (humedad del suelo y temperatura ambiental) y de de cada bioelemento en particular, desde valores de cerca de un kg/ha para el Nitrógeno (N), hasta decenas de kilogramos por hectárea para el Potasio (K).

2.6. Líquenes en los castañares

2.6.1. Biología de los líquenes

Los líquenes son modestos organismos que tapizan una gran cantidad de sustratos naturales como las superficies de las rocas, cortezas de árboles, suelos, huesos, etc., y también materiales artificiales como vidrio, cemento, tejas, piedras, etc., aportando gran colorido a los paisajes. Curiosamente son a menudo unos desconocidos incluso para los amantes de la naturaleza; no obstante, el gran poeta ENZENSBERGER los denominó como el más lento telegrama de la Tierra, lo que resume magistralmente todas sus propiedades y características. Algunas especies de líquenes están internacionalmente reconocidas como los indicadores biológicos más sensibles frente a los efectos nocivos de la contaminación atmosférica.

Un líquen es un organismo simbiótico resultado de la asociación entre un hongo (Micobionte) y un bionte fotosintético (Fotobionte, que puede ser un alga verde o una cianobacteria) y, de esa interacción, se origina un talo estable con estructura y fisiología específicas. El talo presenta, frente a los de los simbiontes aislados, gran originalidad morfológica, fisiológica, de modos de vida y de comportamiento, también lo es su modo de reproducción.

Los líquenes, o también hongos liquenizados, son talofitos originales de naturaleza generalmente dual, pero en cuya simbiosis pueden estar implicados también tres o cuatro biontes. La simbiosis se puede establecer entre dos organismos (alga+hongo), tres organismos (alga+dos hongos o dos algas+hongo); o cuatro organismos (dos algas+dos hongos), lo que da una idea de la complejidad de relaciones que pueden darse en los talos de un liquen. Además, son piquilohidros, es decir, que carecen de mecanismos activos de control sobre su contenido en agua.

La simbiosis liquénica es considerada como un típico caso de mutualismo (provecho mutuo y estrecho contacto morfológico entre los simbiontes), pero también como un parasitismo controlado por el hongo, ya que al ser éste heterótrofo obtendrá mayores beneficios de la asociación; de cualquier modo se trata de una relación estable entre organismos que, unidos en la adversidad, constituyen un fantástico ejemplo de éxito adaptativo. Sin embargo, los líquenes no constituyen un grupo sistemático ya que son, en realidad, hongos que han adoptado este modo de nutrición bitrófica. En cualquier caso, la liquenización tiene un origen muy antiguo; se conocen fósiles datados en el Precámbrico, pudiendo ser considerados como verdaderos supervivientes de la paleohistoria terrestre. La simbiosis, como asociación permanente entre dos o más organismos, de especies y/o Reinos diferentes, es considerada por MARGULIS como un ejemplo magnífico de que la Vida no está constituída por organismos aislados, sino por el resultado de las asociaciones entre varios. Estas asociaciones son, por sí mismas, un mecanismo muy importante en la diferenciación de nuevas formas y tienen un papel nada despreciable en la variación y en la evolución de los seres vivos.

Se conocen alrededor de 15.000 especies de líquenes que ofrecen una amplia distribución, desde los Polos al Ecuador, y son capaces de desarrollarse sobre todo tipo de sustratos inertes u orgánicos, si bien sólo constituyen el 8% de la vegetación dominante en la superficie terrestre. Todo lo dicho evidencia el gran éxito adaptativo que representó este fenómeno biológico que permitió el desarrollo, tanto de los micobiontes como de los fotobiontes, en medios biológicos en los que por separado no estarían presentes. Así, por ejemplo, las algas y las cianobacterias son fundamentalmente acuáticas o de medios terrestres muy húmedos pero, asociadas con un micobionte, pueden colonizar las rocas de los desiertos ya que éste les proporciona el agua necesaria y las protege del exceso de intensidad lumínica.

A pesar de tener amplias áreas de distribución los líquenes son bastante estenoicos (estrechos límites de tolerancia) para los factores ambientales y, por ello, excelentes bioindicadores de las condiciones ecológicas de su biotopo. Curiosamente, son más abundantes en los medios más extremos (desiertos fríos y cálidos o altas montañas), allí donde las plantas vasculares tienen dificultades para desarrollarse, aunque la mayor diversidad de líquenes se alcanza en las zonas tropicales, si bien no en los bosques de lluvia o selvas.

2.6.1.1. Componentes de la simbiosis liquénica

La gran mayoría de los hongos que liquenizan son Ascomycetes y sólo unos pocos pertenecen a los Basidiomycetes (50) o Deuteromycetes (200). La denominación de los líquenes se refiere siempre a la del micobionte. La comparación de los patrones de distribución actual, ponen de manifiesto la gran antigüedad de los órdenes y familias de hongos que viven exclusivamente como liquenizados, que se estima en torno a unos 400 millones de años.

La liquenización induce cambios en los micobiontes, siendo el más importante el que sufre la pared celular para facilitar la resistencia a los continuos ciclos de secado y humectación a que están sometidos los talos, embediéndose de agua rápidamente, cuando ésta está disponible en el medio. Además, la pared celular debe ser flexible para facilitar los contactos con las células del fotobionte; también las paredes participan en la captación de agua y nutrientes y en su transporte al citoplasma. Su composición química es similar a la de los hongos de vida libre, predominando la quitina y las hemicelulosas, pero en las especies liquenizadas la capa más externa es de polisacáridos, lo que facilita la adherencia entre las hifas y, con ello, la estructura tridimensional del talo. Las relaciones físicas con los fotobiontes son variadas, y así los contactos pueden ser por una simple adherencia entre las paredes externas de ambos biontes, hasta la penetración intracelular del alga por medio de haustorios emitidos por el micobionte, o por ligeras invaginaciones de los haustorios en la pared del fotobionte, para facilitar el intercambio de sustancias.

Los fotobiontes pertenecen a las cianobacterias (procariotas) o a los clorofitos (eucariotas, algas verdes), de formas unicelulares, cenobiales o filamentosas. Al contrario de lo que sucede con los hongos, son muy pocos los géneros de algas capaces de liquenizar, sólo unos 30. Los cianobiontes más comunes son por orden de frecuencia: *Nostoc*, *Scytonema*, *Stigonema*, *Gloeocapsa* y *Calothrix*. Las algas verdes más comunes son: *Trebouxia*, *Trentepohlia*, *Coccomyxa*, y *Myrmecia*. Aproximadamente un 92% de especies liquénicas poseen fotobiontes verdes unicelulares, de las cuales un 31% son *Trentepohlia*. y sólo un 8% de los líquenes contienen cianobacterias.

La asociación hongo-alga estable da como resultado la formación de un talo de estructura compleja que, por lo general, difiere significativamente,

Foto 14. Talos crustáceos sobre castaño. El blanco es pulveruláceo de *Phlyctis argena* y los oscuros presentan apotecios, géneros *Buellia* y *Lecidella* (Foto VAZQUEZ).

de cualquiera de los simbiontes en estado de vida libre con una particular combinación de distintas capas, diferenciación de estructuras vegetativas, formas de crecimiento y biotipos especiales. Frente a los hongos que no liquenizan éstos diferencian plecténquimas (falsos tejidos) muy diversos y especializados. Actualmente, la anatomía y morfología de los líquenes se interpretan como adaptaciones muy estrictas a las características ecofisiológicas de la simbiosis.

2.6.1.2. Formas biológicas de líquenes

Las llamadas formas biológicas, formas de crecimiento o biotipos, no pueden considerarse en los líquenes como caracteres filogenéticos ya que, en una misma familia, se pueden dar varios tipos; pero sí están relacionados con la fisiología y, por tanto, representan adaptaciones al medio que ocupan. La apariencia externa suele venir determinada por el hongo y se reconocen tres tipos principales de biotipos: crustáceos, foliáceos y fruticulosos.

Las formas crustáceas (fotos 14, 15 y 16) se encuentran siempre en íntimo contacto con el sustrato; carecen de córtex inferior y no se pueden separar de él sin destruirlas. Se sujetan al sustrato por medio de la médula o

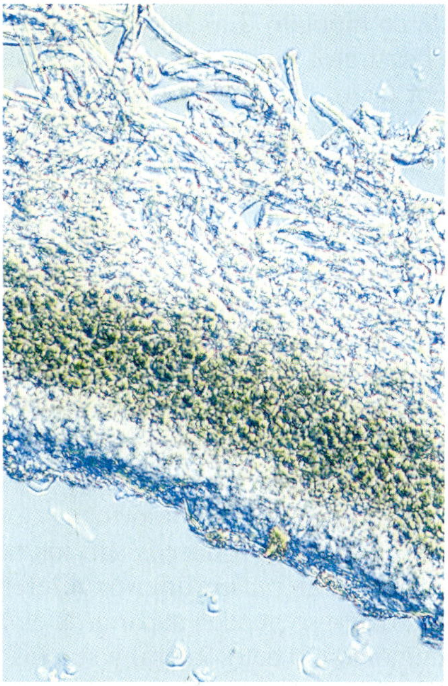

Foto 15. Anatomía de un talo heterómero. Se pueden apreciar, en sentido descendente, las capas: córtex superior, fotobionte y médula (Foto ATIENZA).

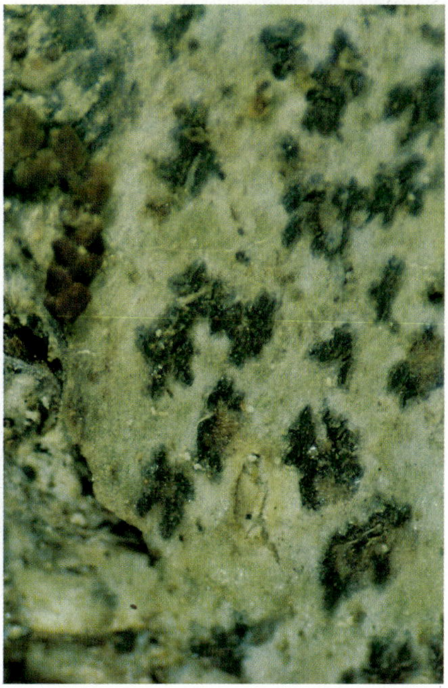

Foto 16. Talo crustáceo endofleódico, con apotecios en forma de lirelas de *Arthonia radiata*, muy frecuente en castaño (Foto TORMO).

de un hipotalo. Las hifas excretan sustancias liquénicas capaces de alterar el sustrato, siendo de gran interés en los procesos de sucesión. Dependen, por tanto, del agua del sustrato (sustratohigrófilos) y son capaces de colonizar los medios más extremos. La variabilidad morfológica y de organización del talo es grande y, así, se pueden dividir en subtipos. Los endolíticos (incrustados en el interior de la roca) y endofleódicos (incluidos en el interior de las cortezas) pueden tener una organización compleja y penetrar en el sustrato; es el caso, *v.g.*, de las *Opegrapha* en las cortezas. Pero la mayoría de los líquenes crustáceos suelen ser epilíticos o epifleódicos, es decir, con la mayor parte del talo sobre el sustrato. Los talos escuamulosos son considerados los más especializados de los crustáceos y representan el paso hacia los foliáceos; están formados por talos laminares en forma de escamas que tienden a separarse del sustrato por los márgenes creciendo hacia arriba y pueden desarrollar algunas estructuras de sujección muy especializadas como los rizinomorfos.

Las formas foliáceas son los talos de forma laminar, con organización dorsiventral y cara inferior diferenciada, están parcialmente adheridos al sustrato y se pueden separar de él sin destruirse. Su organización puede ser homómera o heterómera, y son los que ofrecen una estructura más comple-

Foto 17. Talo foliáceo verde-amarillento de *Parmelia caperata* una de las especies más comunes en castaño. En la periferia del mismo aparece un talo fruticuloso de *Usnea sp.* (Foto VAZQUEZ).

Foto 18. Talo fruticuloso de *Ramalina farinacea* que tiene soralios marginales. Es la especie de este género más frecuente en *Castanea*. Las manchas oscuras se deben al efecto de contaminantes (Foto VAZQUEZ).

ja. Sus relaciones con el sustrato se hacen por medio de diversos órganos apendiculares y captan el agua tanto del sustrato como de la atmósfera. La mayor parte de los foliáceos son del tipo lobulado (*v.g.*, *Lobaria*, *Parmelia*, *Parmeliella*, *Peltigera*, etc.; foto 17)

Las formas fruticulosas (foto 18) tienen apariencia de pequeño arbusto y los lóbulos se estrechan y alargan profundamente, de tal forma que se sujetan al sustrato por una mínima superficie (discos de fijación). Sobresalen siempre mucho del sustrato, y pueden ser erectos o colgantes. Dependen de la humedad relativa del aire para su hidratación y su forma representa una ventaja ecológica, ya que aumentan mucho la superficie de captación con un mínimo volumen; por ello abundan en territorios donde las nieblas son frecuentes, desde los bosques atlánticos hasta los desiertos costeros. Los lóbulos pueden ser cilíndricos (*Usnea*) o aplastados (*Ramalina*) y su organización suele ser radial, sólo en ocasiones es dorsiventral (como *Evernia prunastri*). Algunas especies pueden alcanzar varios metros de largo (como en *Usnea longissima*). En algunos casos (como el género *Cladonia*) el talo es dimórfico con una parte basal crustáceo-escuamulosa, y una parte vertical fruticulosa a la que se denomina podecios (ramificados) o escifos (en forma de trompeta).

La anatomía de los talos puede resumirse en dos grandes tipos. Los talos homómeros tienen el micobionte y el fotobionte uniformemente distribuidos; esto es frecuente en líquenes gelatinosos de los géneros *Leptogium* o *Collema*, donde el fotobionte es una cianobacteria y se les denomina cianolíquenes. Ocasionalmente también lo presentan algunos crustáceos muy finos; esta estructura les permite absorber rápidamente gran cantidad de agua.

2.6.1.3. La reproducción de los líquenes

Como hongos que son, la mayoría de los líquenes tienen los procesos de reproducción sexual y asexual propios de estos organismos. En la simbiosis liquénica el micobionte es el único que presenta en su ciclo de vida la reproducción sexual quedando restringida la del fotobionte a la asexual.

En la mayor parte de los líquenes, los ascomas (estructuras donde están contenidos los ascos) son formados sólo por el hongo y representan el tipo más común de cuerpos fructíferos originados por los procesos de reproducción sexual. Los ascomas están compuestos de hifas haploides que forman la mayor parte de sus estructuras y de otras dicarióticas (con dos núcleos) a partir de las cuales se originan los ascos que junto con las paráfisis (hifas estériles) configuran el himenio. Entre ascos y paráfisis hay la gelatina himenial que los mantiene cohesionados, y que suele ser amiloide (coloreado de azul con el lugol). Justo por debajo del himenio hay una capa generativa (subhimenio) que puede estar a su vez delimitada por otra capa estéril (hipotecio). En la parte superior del himenio se suele diferenciar una capa (epitecio) rica en pigmentos y/o cristales. Todo ello está rodeado por un excípulo de hifas estériles que protegen a todo el conjunto.

Las esporas (ascosporas) son muy variadas, desde simples a pluricelulares, hialinas o coloreadas en tonos pardos o verdosos oscuros; lo mismo se puede decir de la forma o las capas de la pared o de los septos. El gran problema, y al mismo tiempo el gran enigma, es conocer el modo en que una vez las esporas han sido lanzadas y germinan sobre el sustrato adecuado, los micelios incipientes son capaces de encontrar los fotobiontes adecuados para establecer la simbiosis.

2.6.1.4. Fisiología y ecofisiología

Los talos liquénicos tienen una serie de características fisiológicas que los diferencian de otros hongos: son poiquilohidros, es decir su contenido en agua varía pasivamente en relación con las condiciones hídricas del entorno inmediato; tienen un crecimiento lento; el talo pervive durante varios años; el micobionte adquiere los hidratos de carbono a partir de los sintetizados por el fotobionte; y son capaces de colonizar los medios biológicos más extremos. Estas características requieren de un metabolismo y una fisiología muy precisos y originales, así como de un ajuste de las estructuras anatómicas y morfológicas relacionadas con el funcionamiento.

Los talos pueden soportar, de forma repetida, periodos de humectación y desecación sin que se desnaturalicen las proteínas de membrana de los simbiontes, o sin disrupciones en el funcionamiento de las mitocondrias o de los plastos; algo similar ocurre solo en los briofitos. Pero, lo más sorprendente, descubierto gracias a la resíntesis de líquenes en laboratorio, es que cada especie requiere de una cadencia de periodos de hidratación-desecación para alcanzar el óptimo de rendimiento fotosintético, y que éste está relacionado con el hábitat.

Sea cual sea la forma de crecimiento de un liquen, éste funciona como un sistema ecológico, que produce la fotosíntesis neta necesaria para que su talo pueda crecer. Esto implica que el fotobionte debe recibir la cantidad de luz suficiente; de ahí que la mayoría sean fotófilos; en condiciones excesivas de iluminación el mecanismo de protección más utilizado, además de las específicas anatomía o sustancias del córtex, es la desecación del talo para proteger el aparato fotosintético.

La captación del agua puede ser por absorción de ésta en forma líquida o del vapor de agua de la atmósfera. Los fotobiontes verdes son capaces de hidratarse a saturación y alcanzar una fotosíntesis neta positiva a humedades relativas del aire mayor del 85%; sin embargo los líquenes con cianobacterias necesitan de la presencia de agua líquida para alcanzar el mismo rendimiento. Así se puede entender que los cianolíquenes sean más comunes en los climas lluviosos. En cualquier caso, una gran parte de los líquenes no soportan estar embebidos demasiado tiempo en agua, alcanzando el máximo de rendimiento fotosintético cuando están hidratados alrededor del 80% de su peso seco, y decreciendo por encima de esa cifra.

En resumen, los líquenes tienen la capacidad de ajustar sus procesos básicos a las distintas condiciones externas de su hábitat (*v.g.*, son tolerantes al *stress* térmico); pero si el talo está hidratado no son capaces de soportar bajas temperaturas en verano, o altas en invierno, o bien la temperatura pasa a ser un factor limitante. El transporte de agua hacia el fotobionte parece estar restringido a las paredes celulares del hongo y se realiza fundamentalmente a partir del córtex superior.

Pero el aspecto fundamental de la simbiosis es el metabolismo del Carbono, esto es, el transporte de los fotosintatos desde el fotobionte al hongo. En el caso de las algas verdes el producto transferido es *ribitol*, mientras que las cianobacterias ceden glucosa. De cualquier forma, el micobionte los transforma en *manitol* que es irreversible, o sea, no disponible para el donador, el fotobionte. El transporte no depende tanto del contacto entre micobionte y fotobionte como de la mediación de algunas sustancias segregadas por el hongo que facilitan los procesos de difusión.

2.6.1.5. Ecología y Biogeografía

Los líquenes pueden colonizar una amplia variedad de sustratos: rocas (saxícolas, comofitos), cortezas (epifitos), suelos (terrícolas), asbestos, cemento, huesos, uralita, etc., además de vivir como epifitos sobre hojas o las conchas de algunos animales. La influencia del medio ambiente sobre el crecimiento de los líquenes es muy importante si se quiere comprender su distribución. En realidad, se trata de organismos muy estenoicos pero que pueden encontrar condiciones ecológicas similares o convergentes en regiones climáticas muy distintas. Como consecuencia, pueden ofrecer áreas de distribución muy amplia, al contrario que las plantas vasculares.

Dentro de un mismo bioclima cada tipo de sustrato tiende a estar colonizado por asociaciones liquénicas o brio-liquénicas bastante uniformes desde el punto de vista florístico, por lo que el análisis fitosociológico de las mismas puede realizarse con las mismas metodologías que para el resto de los vegetales. La Península Ibérica es la que mayor riqueza florística presenta en el sector occidental del continente europeo y, por tanto, la que ofrece mayor proporción de asociaciones en las diferentes clases fitosociológicas.

La distribución de los líquenes ofrece patrones similares a la zonal de las plantas, pero la extensión de muchos de los géneros suele ser mayor. Los modelos de distribución de los líquenes ponen de manifiesto su gran antigüedad y están relacionados con la tectónica de placas. Es muy interesante que, cuando se producen disyunciones muy alejadas (*v.g.*: Mediterráneo y Suroeste de Norteamérica), el rango de comparación es el específico, mientras que en las plantas es siempre el de género. Es decir, los líquenes no son sólo muy antiguos sino que la simbiosis liquénica fue un verdadero éxito evolutivo que en muchos casos no ha necesitado diferenciarse más.

2.6.2. Los líquenes del castaño

La flora y vegetación de líquenes epifitos de los troncos y ramas de los castaños varían en función de la situación geográfica, el macroclima y las características de la masa forestal donde se encuentran. Todos estos aspectos modifican los factores biológicos primarios (luz, temperatura, disponibilidad de agua, pH de la corteza, deposición atmosférica, etc.) y, por tanto, contribuyen a seleccionar la combinación de especies que forman parte de las distintas comunidades.

Epifitos son aquellos vegetales capaces de vivir sobre otras plantas pero que no se alimentan de sus tejidos vivos. Las plantas huéspedes o portadoras de epifitos se denominan forofitos. Así, pues, los líquenes epifitos son aquellos que utilizan como sustrato las cortezas de plantas leñosas (árboles y arbustos), es decir, se instalan sobre el ritidoma (tejidos muertos) y pueden aprovechar los compuestos químicos disueltos por el agua de lluvia; ésto los diferencia de los parásitos que sí que dependen de sus huéspedes para la obtención de agua y nutrientes.

En los últimos años existe controversia sobre la posibilidad de que algunos epifitos puedan utilizar estrategias intermedias de alimentación. Está muy extendida entre los campesinos la creencia de que los líquenes «matan» los árboles, porque cuando alguno cesa en su crecimiento y producción suele presentar una elevada cobertura liquénica. Ahora bien, no se deben olvidar dos hechos importantes: a) los líquenes son fundamentalmente heliófilos y los árboles en mal estado tienen menor densidad de hojas en sus copas por lo que disponen de más luz y aquéllos la aprovechan; b) muchos de esos líquenes dependen de la humedad atmosférica y tienen un desarrollo más rápido en los lugares donde las nieblas o las lluvias son frecuentes, siendo medios óptimos para el desarrollo de hongos parásitos que pueden infectar los árboles y provocarles la muerte, favoreciéndose la colonización liquénica; cuando se trata de árboles cultivados estos dos aspectos se ven potenciados.

Los castaños en España suelen encontrarse en forma de bosques mixtos junto con otros árboles planifolios; también en repoblaciones antiguas y, muy frecuentemente, plantados de forma aislada en las cercanías de las explotaciones agrarias familiares, muchas veces como linderos de las propiedades. Se debe hablar del castaño como de una especie introducida (hace ya mucho tiempo) que, en algunos casos, se ha espontaneizado y ya forma parte de bosques puros o mixtos naturales. Este hecho condiciona la flora de líquenes que colonizan sus cortezas, ya que muchas especies disponen en las inmediaciones de otros forofitos naturales que ofrecen sustratos más accesibles para ser colonizados (foto 19).

La consecuencia inmediata de todo esto es que, en los estudios de flora y vegetación liquénicas epifitas, no aparecen referencias exclusivas a los castañares y la información se encuentra muy dispersa dentro de otros estudios más generales de diversos territorios. Ha sido, pues, necesario elaborar una síntesis al respecto a partir de publicaciones, tesis doctorales y referencias en herbarios, siendo las áreas con mayor número de datos: Galicia, Asturias, País Vasco, Pirineos y Canarias. Los estudios en Castilla y León o Extremadura son muy escasos, por lo que la información obteni-

Foto 19. Aspecto de la colonización de líquenes epifitos en castaños muy jóvenes con cortezas lisas (Foto VAZQUEZ).

da está mayormente centrada en los territorios euriberianos y atlánticos. Los resultados obtenidos son muy interesantes y se presentan a continuación un listado (en forma de catálogo florístico) de líquenes epifitos encontrados en castañares españoles:

Acrocordia gemmata (Ach.) Massal.
Arthonia byssacea (Wigel) Almqu.
A. didyma Körber
A. fuliginosa (Turner ex Borrer) Flotow
A. leucopellaea (Ach.) Almqu.
A. radiata (Pers.) Ach.
A. reniformis (Pers.) Röhl.
A. tumidula (Ach.) Ach.
Arthopyrenia antecellens (Nyl.) Arnold
A. lapponina Anzi
A. punctiformis Massal.
Arthotelium ilicinum (Tayl.) P.James
Bacidia laurocerasi (Delise ex Duby) Zahlbr.
B. phacodes Körber
Buellia disciformis (Fr.) Mudd
B. griseovirens (Turner & Borrer) Almb.

B. jorgei Samp.
B. punctata (Hoffm.) Massal.
Byssoloma leucoblepharum (Nyl.) Vain.
Calicium abietinum Pers.
C. denigratum Tibell
C. glaucellum Ach.
C. viride Pers.
Candelaria concolor (Dicks.) Steiner
Catinaria atropurpurea (Schaer.) Vèzda & Poelt
Chaenotheca brunneola (Ach.) Müll. Arg.
Ch. chrysocephala (Turner ex Ach.) Th.Fr.
Ch. furfuracea (L.) Tibell
Ch. trichialis (Ach.) Th.Fr.
Chaenothecopsis pusilla (Flörke) A. Schmidt
Cladonia bacillaris Nyl.
C. bacilliformis (Nyl.) Glück
C. caespiticia (Pers.) Flörke
Cl. coccifera (L.) Willd.
C. coniocraea (Flörke) Vain.
C. digitata (Hoffm.) Schaer.
C. fimbriata (L.) Fr.
C. incrassata Flörke
C. macilenta Hoffm.
C. parasitica (Hoffm.) Hoffm.
C. pyxidata (L.) Hoffm.
C. squamosa (Scop.) Hoffm.
Collema furfuraceum (Arn.) DuRietz
C. nigrescens (Hudson) DC.
C. yphelium sessile (Pers. ex Mérat) Trevis.
Dendriscocaulon umhausense (Auersw.) Degel.
Dimerella pineti (Ach.) Vèzda
Diploschistes muscorum (Scop.) R. Sant.
Evernia prunastri (L.) Ach.
Graphis scripta (L.) Ach.
G. elegans (Borrer ex Sm.) Ach.
Gyalecta derivata (Nyl.) H.Olivier
G. truncigena (Ach.) Hepp
Haematomma elatinum (Ach.) Massal.
H. ochroleucum (Neck.) Laund.
Hypocenomyce anthracophila (Nyl.) P.James & G. Schneider
H. friesii P. James & G. Schneider
H. scalaris (Ach.) Choisy

Hypogymnia physodes (L.) Nyl.
Lecanora allophana (Ach.) Rohl.
L. argentata (Ach.) Malme
L. carpinea (L.) Vainio
L. chlarotera Nyl.
L. expallens Ach.
L. intumescens (Rebent.) Rabenh.
L. jamesii Laund.
L. leptyrodes (Nyl.) Degel.
L. pallida (Schreb.) Rabenh.
L. pulicaris (Pers.) Ach.
L. strobilina (Sprengel) Kieffer
L. symmicta (Ach.) Ach.
Lecidea carrollii Coppins & P.James
Lecidella elaeochroma (Ach.) Choisy
L. euphorea (Flörke) Hertel
Lepraria incana (L.) Ach.
L. neglecta Vain.
Leptogium brebissonii Mont.
L. cochleatum (Dicks.) P.M.Jorg. & P.James
L. hibernicum Mitchell ex P.M.Jorg.
L. lichenoides (L.) Zahlbr.
L. microphylloides Nyl.
Lobaria amplissima (Scop.) Forss.
L. pulmonaria (L.) Hoffm.
L. scrobiculata (Scop.) DC.
Maronea constans (Nyl.) Hepp
Melaspilea proximella Nyl.
Menegazzia terebrata (Hoffm.) Körb.
Micarea adnata Coppins
Micarea cinerea (Schaer.) Hedl.
M. elachista (Körb.) Coppins & R.Sant.
M. melaena (Nyl.) Hedl.
M. misella (Nyl.) Hedl.
M. peliocarpa (Anzi) Coppins & R.Santesson
M. prasina Fr.
M. synotheoides (Nyl.) Coppins
Microcalicium disseminatum (Ach.) Vain.
Nephroma laevigatum Ach.
Normandina pulchella (Borrer) Nyl.
Ochrolechia androgyna (Hoffm.) Arnold
O. subviridis (Hoeg) Erichsen

O. turneri (Sm.) Hasselr.
Opegrapha atra Pers.
O. niveoatra (Borr.) Laund.
O. rimalis Pers.
Pachyphiale cornea (With.) Poetsch.
Pannaria conoplea (Ach.) Bory
P. mediterranea C. Tav.
P. rubiginosa (Ach.) Bory
P. sampaiana C. Tav.
P. tavaresii P.M. Jorg.
Parmelia (Punctelia) borreri (Sm.) Turner incl. P. subrudecta
P. (Parmotrema) arnoldii DuRietz
P. (Pseudoparmelia) caperata (L.) Ach.
P. (Parmotrema) chinense Osbeck
P. (Parmotrema) crinita Ach.
P. (Melanelia) exasperata (Ach.) DeNot.
P. (Melanelia) glabratula (Lamy) Nyl.
P. (Hypotrachyna) laevigata (Sm.) Ach.
P. omphalodes (L.) Ach.
P. (Parmotrema) reticulata Tayl.
P. (Melanelia) subaurifera Nyl.
Parmeliella jamesii Ahlner & P.M.Jorg.
P. plumbea (Lightf.) Vain.
P. testacea P.M.Jorg.
P. triptophylla (Ach.) Müll.Arg.
Parmeliopsis aleurites (Ach.) Nyl.
P. hyperopta (Ach.) Arn.
Peltigera canina (L.) Willd.
P. horizontalis (Huds.) Baumg.
P. polydactyla (Neck.) Hoffm.
P. praetextata (Flk. ex Sommerf.) Zopf
Pertusaria alpina Hepp
P. amara (Ach.) Nyl.
P. coccodes (Ach.) Nyl.
P. coronata (Ach.) Th.Fr.
P. flavida (DC.) Laund.
P. hymenea (Ach.) Schaerer
P. leioplaca DC.
P. pertusa (L.) Tuck.
P. pustulata (Ach.) Duby
P. trachythallina Erichs.
Phaeographis dendritica (Ach.) Müll.Arg.

Ph. inusta (Ach.) Müll. Arg.
Ph. lyellii (Sm.) Zahlbr.
Ph. orbicularis (Neck.) Moberg
Phlyctis agelaea (Ach.) Flotow
Ph. argena (Sprengel) Flot.
Physconia enteroxantha (Nyl.) Poelt
Polychidium dendriscum (Nyl.) Henssen
Platismatia glauca (L.) W.Culb. & C.Culb.
Porina aenea (Wallr.) Zahlbr.
P. borreri (Trev.) D.Hawks. & P.James
P. carpinea (Pers.) Zahlbr.
Protoparmelia oleagina (Harm.) Etayo
Pyrenula chlorospila (Nyl.) Arnold
P. macrospora (Degel.) Coppins & P.James
Pyrrhospora quernea (Dickson) Körber
Ramalina obtusata (Ach.) Bitt.
R. farinacea (L.) Ach.
Rinodina exigua (Ach.) S.Gray
Saccomorpha icmalea (Ach.) Clauz. & Roux
S. uliginosa (Schrad.) Hafellner
Scoliciosporum pruinosum (P.James) Vèzda
Sticta fuliginosa (Dicks.) Ach.
St. limbata (Sm.) Ach.
St. sylvatica (Huds.) Ach.
Strangospora moriformis (Ach.) Stein.
Tephromela atra (Huds.) Hafellner
Thelotrema lepadinum (Ach.) Ach.
Trapeliopsis flexuosa (Fr.) Coppins & P.James
Trapeliopsis pseudogranulosa Coppins & P.James
Trichonectria hirta (Bloxam) Petch
Usnea inflata Delise
U. rubicunda Stirt.
U. subfloridana Stirt.
Xylographa vitiligo (Ach.) Laund.

La riqueza florística de los líquenes epifitos sobre castaños en España puede concretarse en unas 175 especies, aunque es razonable estimar que, si se realizaran muestreos más extensivos, la cifra podría incrementarse en unos cincuenta taxones. Si bien este valor numérico puede ser tomado como una indicación de la diversidad, para obtener algún significado del mismo es preciso el análisis de esta flora desde un punto de vista biogeográfico y ecológico. En cualquier caso, se ha puesto de manifiesto, una vez más que los líquenes son excelentes bioindicadores de las condiciones ambientales, ya que a partir de ellos se han podido inferir aspectos poco conocidos sobre los castaños, su morfología y propiedades físicas o químicas de sus cortezas.

Antes de comenzar el análisis de la flora y la vegetación de los líquenes del castaño, es conveniente hacer diversas consideraciones sobre algunos aspectos biológicos inherentes a los árboles y sistemas forestales en que se encuentran y que determinan de manera decisiva la colonización por parte de los epifitos. A partir de ahí, se podrá comprender mejor por qué los líquenes constituyen excelentes indicadores biológicos que integran de manera eficaz la evolución de las variaciones ambientales de los hábitats en que viven.

2.6.2.1. Los líquenes como bioindicadores de los sistemas forestales

En los bosques, las comunidades liquénicas no tienen un papel relevante en el funcionamiento de los ecosistemas, ni es comparable con el de los productores primarios. No constituyen un eslabón fundamental en las cadenas tróficas y no influyen en su estructura y dinamismo, si bien recientemente se ha comenzado a demostrar que tienen un papel menos superfluo del considerado, por lo menos en algunos sistemas forestales. Así, por ejemplo, cuando en la comunidad intervienen líquenes con cianobacterias (que fijan el Nitrógeno atmosférico) su aportación al ciclo del Nitrógeno no es desdeñable (*v.g.*: hayedos del Montseny). Sin embargo, constituyen el mejor elemento bioindicador del grado de madurez y complejidad de estos ecositemas, así como de la evolución de los árboles con la edad. Del mismo modo aportan información con respecto a los principales factores ambientales y señalan los distintos microambientes que se configuran en los árboles y sus bosques.

Las cortezas de las plantas leñosas son el sustrato principal de los líquenes epifitos, pero también lo es el estrato muscinal. El sustrato, como factor discriminante en la colonización, puede influir de manera exclusiva o, más generalmente, combinada por medio de sus características físicas y químicas. La textura (cortezas finas, suaves, duras, lisas o agrietadas) y la combinación de elementos (fundamentalmente la reacción iónica o pH) determinan la selección entre las especies disponibles. Además, las cortezas oscuras se calientan mucho más, las duras son más secas, y las finas y suaves retienen más el agua pero también la evaporan rápidamente.

Los musgos y las hepáticas constituyen un reservorio de agua. Cuando los árboles son jóvenes las cortezas son más finas pero, con el paso de los

Foto 20. Tronco de castaño joven con la corteza algo rugosa, donde se puede apreciar cómo en las zonas medias del mismo la colonización de epifitos es más homogénea que en otras zonas del mismo. Aparecen dos estratos; en el de foliáceos predomina *Parmelia quercina* y en el de crustáceos está bien representada la flora de la alianza *Graphidion scriptae* (Foto VAZQUEZ).

años, comienzan a agrietarse y entonces la retención de agua o de polvo atmosférico es mayor; en consecuencia se produce un dinamismo natural de las comunidades liquénicas que varía tanto en la calidad de las especies como en porcentaje de biotipos representados.

Normalmente en los árboles jóvenes del castaño (fotos 19 y 20) predominan los crustáceos (*Lecanora*, *Lecidea*, *Buellia*, *Arthonia*, etc.); en los de edad intermedia los foliáceos (*Parmelia*, *Hypogymnia*, *Heterodermia*) y fruticulosos (*Ramalina*, *Evernia*, *Usnea*) y en los muy viejos (generalmente con abundantes musgos) los foliáceos con cianobacterias (*Lobaria*, *Nephroma*, *Sticta*, *Pannaria*). Pero ésto puede variar si, por ejemplo, la reacción de la corteza es muy ácida, como sucede con los abedules o los pinos; entonces la selección de especies es muy drástica.

Lo mismo puede decirse en aquellos ambientes de clima mediterráneo o en las proximidades de las explotaciones antrópicas donde la aportación de amoniaco, nitratos y fosfatos son elevadas. Si estas aportaciones no son completamente lavadas por el agua de lluvia el sustrato es nitrofítico y los géneros que predominan son entonces *Caloplaca*, *Rinodina*, *Xanthoria* o *Physcia*.

Mención aparte merecen las cortezas muertas, con una elevada capacidad de humectación y reacción más ácida; allí se instalan los llamados lig-

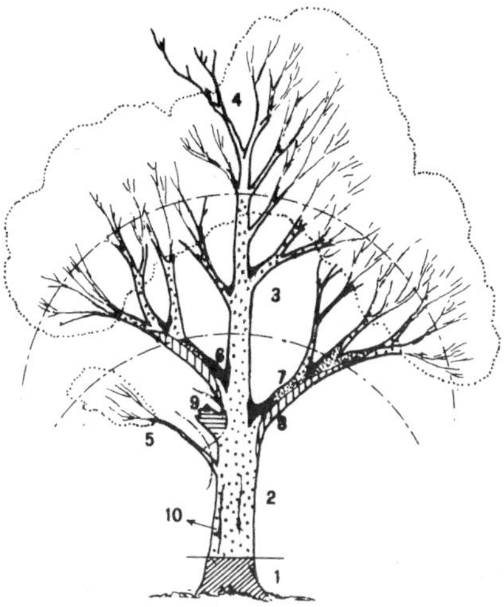

Fig. 1. Esquema sintético de los principales biotopos epifíticos reconocibles en un árbol de un bosque planifolio. Caracterización ecológica y fitosociológica. 1. Base del tronco: Sustrato esciofítico, húmedo y coniofítico con estrato muscinal. El *Lobarion pulmonariae* estará en las zonas más esciofíticas y el *Cladonion coniocraeae* en las más iluminadas. 2. Tronco y ramificaciones principales: Sustrato higrofítico, esciofítico donde la comunidad más madura corresponderá a un *Lobarion pulmonariae*, en bosques menos maduros a un *Parmelion caperatae* más fotofítico. 3. Ramas medias: sustrato higrofítico, mesofotofítico (*Parmelion caperatae*). 4. Ramas de la copa: aerohigrofítico y heliofítico. Los pioneros de *Lecanorion subfuscae* y la aerohigrófila madura con fruticulosos de *Usneion barbatae*. 5. Ramas jóvenes interiores: Aero- y sustratohigrofítico, subheliófilo de *Graphidion scriptae*. 6. Horquetas: sustrato higrofítico, ombrofítico, mesoesciofótico, eutrofo. Comunidades brioliquénicas poco definidas. 7. Cara adaxial de las ramas principales: ombrofítico, mesofotofítico, con *Cladonion coniocraeae*. 8. Cara abaxial de las ramas principales, generalmente en sombra de lluvias y esciofítico, con *Leprarietea*. 9. Leño: lignícola y mesoesciofítico, comunidades de *Lecanora symmicta*, *Micarea sp.* y caliciáceos. 10. Grietas y fisuras profundas: sustrato higrofítico, esciofítico y eutrofo (modificado de CRESPO, BARRENO y SANCHO, 1983).

nícolas, especies muy selectivas que pertenecen a géneros diversos. Asímismo, cuando los árboles se descortezan, la parte externa del leño es colonizada por líquenes lignícolas, muchos de ellos con mazedios (géneros *Calicium*, *Chaenotheca*, *Microcalicium*).

Uno de los pocos datos experimentales que se conocen sobre las propiedades de las cortezas del *Castanea sativa* es su baja capacidad de humectación con el vapor de agua, pero se satura con agua líquida tan rápidamente como las de los alisos y sauces. En comparación, los *Quercus* son más repelentes del agua. En consecuencia, se puede pensar que el fluido que discurra por las ramas y troncos de los castaños será menor que en los robles.

Las formas de las copas de los árboles condicionan no solo la luz que pueda llegar a las zonas más bajas, sino el flujo de agua que discurre por los troncos; las copas del castaño son, casi desde los estadios más juveniles, centrífugas; es decir, que mucha del agua de lluvia será conducida hacia el exterior de la copa y discurrirá menos por el tronco. Todos los aspectos indicados seleccionan de forma importante los tipos de vegetación liquénica de los castañares (fig. 1).

El clima general (termo y ombroclima) condiciona las respuestas de los vegetales y comunidades que allí viven, pero mucho más en el caso de los líquenes. En efecto, muchas especies fruticulosas, o incluso foliáceas de gran porte, dependen del vapor de agua de la atmósfera (aerohigrófilos) para hidratarse y tener un rendimiento máximo de la fotosíntesis en relación con la respiración; ciertos líquenes con algas verdes como fotobionte pueden alcanzar este máximo cuando su contenido en agua es sólo el 80% del peso seco. Sin embargo, los crustáceos (sustratohigrófilos) dependen de la capacidad de las cortezas para retener el agua. Los líquenes con cianobacterias y talo homómero (gelatinosos) dependen, por el contrario, de la cantidad de agua líquida que discurre por el sustrato (*Collema*, *Leptogium*). Muchas especies de líquenes foliáceos, más independizados de las cortezas, tienen un comportamiento ecológico intermedio y, por ello, son generalmente buenas indicadoras de las características generales del clima. La proporción de biotipos representados en las asociaciones de líquenes se rebelan entonces como higroindicadores de gran sensibilidad, no sólo con respecto a la cantidad, sino también a las características del agua que llega a los sistemas forestales. En cualquier caso, se configurarán ambientes que reciban más directamente el agua de lluvia (ombrofíticos) y otros más extremos que están protegidos (anombrofíticos) pero que se humectarán con la humedad del aire.

La luz es un factor ecológico decisivo para los líquenes ya que, al ser poiquilohidros, sólo pueden obtener buenos rendimientos fotosintéticos en cortos periodos de tiempo para asegurar su crecimiento; ésto hace que los ambientes nemorales sean menos favorables para su desarrollo. La intensidad y la calidad de la luz que reciben las distintas partes de un árbol y la situación del mismo en el bosque determinan diferentes ambientes fóticos: a) en los márgenes y en las copas serán heliofíticos; b) predominan los esciófitos o nemorales en el interior y en la zona inferior de los troncos; y c) en las zonas intermedias de los troncos y en formaciones más abiertas se darán unas condiciones más relacionadas con las de las condiciones generales del territorio (foto 20 y fig. 1).

Frente a los mismos valores de humedad y temperatura, los líquenes que se instalan en las situaciones más esciofóticas serán aquellos cuya fisiología lo permita, siendo frecuentes los líquenes con cianobacterias (*Lobaria*, *Peltigera*, *Pannaria*, *Parmeliella*, *Sticta*, *Collema*, *Leptogium*) que, en algunos casos, pueden tener opción a alimentarse de las células de algunos briofitos que actúan también de soporte; en estos casos las comunidades son por lo general brioliquénicas.

En las zonas del interior del bosque que reciben poca luz todo el año, pero sin gran estrato muscícola, preponderan los llamados líquenes imperfectos que tienen el talo leprarioide (*Lepraria*, *Chrysotrix*), y los sorediales que no fructifican (*Phlyctis*, *Pertusaria coccodes*) o aquellos en los que los soredios son la principal estrategia de reproducción.

Lo mismo puede decirse para el caso de las copas o los árboles aislados, donde los líquenes con sustancias corticales como *atranorina* o ácido úsnico, que les protegen de la intensidad lumínica, tienen un máximo de cobertura y diversidad (*Ramalina, Evernia, Caloplaca, Lecanora sp. varia, Usnea*). Si además, se produce un aporte suplementario de sustancias nitrogenadas las especies de *Physcia sp.* o aquéllas con *parietina* (*Teloschistes, Caloplaca, Xanthoria, Protoblastenia*, etc.) no sólo son abundantes, sino que colorean llamativamente las cortezas.

La temperatura es el principal factor determinante en la distribución de los vegetales, y también para los líquenes, ya que influye decisivamente sobre el metabolismo. Las especies de las altas montañas son muy distintas de las de los desiertos cálidos. Pero este factor actúa también de manera indirecta sobre la disponibilidad de agua. Lógicamente, cuanto mayor sea la temperatura del aire circundante o la del sustrato, la pérdida de agua de los talos será más rápida y, por tanto, el tiempo para superar el punto de compensación fotosíntesis/respiración es más corto. No obstante, si están deshidratados, los líquenes son capaces de resistir temperaturas muy extremas (positivas o negativas), recuperando sus constantes metabólicas cuando el ambiente es más favorable; de ahí su preponderancia frente a las plantas vasculares en las zonas de desiertos cálidos o fríos (tundra). Su fisiología es capaz, pues, de adaptarse a las variaciones estacionales y a las fluctuaciones naturales del clima, lo que les permite sobrevivir en estado latente en épocas con intensa radiación por medio de la fotoinhibición, y ganar materia en épocas con luz, temperatura y humedad más favorables. Conviene destacar que la mayor parte de las especies que tienen el alga *Trentepohlia* como fotobionte (de origen tropical, pero que crecen en los territorios extratropicales) suelen estar relacionados con la ausencia de grandes amplitudes térmicas, o de bajas temperaturas en invierno. Por ello, los géneros más frecuentes *Arthonia*, *Graphis, Opegrapha*, *Phaeographis*, *Porina, Schismatomma* y otros suelen relacionarse con los ambientes oceánicos, en latitudes septentrionales.

En un árbol las oscilaciones de temperatura son mínimas en troncos de corteza rugosa a una altura aproximada de 1.5 m en su lado Norte, o si está inmerso en un bosque bien estructurado. Sin embargo, si los árboles están aislados, en la cara Sur, en la zona basal, en las copas y, si además tienen las cortezas lisas y con baja retención de agua, la amplitud térmica es importante y pueden modificar todos los demás factores biológicos. Se comprende entonces fácilmente que, cuando se quiere utilizar una asociación liquénica epifita como bioindicadora de las condiciones del clima y de la estructura de un bosque, se tengan en cuenta en primer término aquellas que viven en los troncos de mediana edad, en zonas por encima de un metro de la base y alejadas de las grandes ramas. En la fig. 1 se representa un esquema sintético de los principales biotopos que pueden ser reconocibles en los árboles de un bosque, así como de los principales tipos de comunidades de líquenes.

Lógicamente, la estructura de la masa forestal también es un factor a tener en cuenta con respecto a los distintos tipos de microambientes que se pueden crear, y que son inmediatamente detectados por los líquenes. En un bosque natural, bien estructurado, la temperatura, las cantidades de luz o de agua que llegan son muy distintas para los árboles de la periferia que para los del interior, independientemente del clima general, siendo más extremas las condiciones de los árboles aislados o en cultivares. No es pues extraño que, en los árboles aislados o periféricos, la mayor cobertura liquénica se encuentre en la exposición que recibe los vientos que traen las precipitaciones, o que la proporción de especies heliofíticas sea mayor en las caras Sur (y en las laderas orientadas al Sur).

En la actualidad los ambientes fotofíticos en los bosques están favorecidos por la alteración de su estructura, especialmente en aquellos en que predominan los árboles caducifolios como el castaño; sólo en los bosques mejor conservados se pueden encontrar comunidades esciofóticas de líquenes (*v.g.*: las de la alianza *Lobarion pulmonariae*). En la dinámica natural de los sistemas forestales se produce la coexistencia de pies de distintas clases de edad, desde muy jóvenes y con cortezas lisas, hasta muy viejos o muertos, hecho que puede ser interpretado a partir de la riqueza de líquenes y de los tipos distintos de comunidades existentes. Así, la posibilidad de encontrar árboles muertos o de tocones es mucho mayor, ya que éstos albergan una flora lignícola muy especializada (*Micarea*, *Calicium*, etc.); si, además, existe un claro y un buen estrato muscinal, las especies de *Cladonia* se diversifican del mismo modo que en las bases de los troncos de los árboles de mediana edad.

2.6.2.2. La flora y la vegetación de líquenes en los castañares españoles

Lo primero que llama la atención al analizar la flora liquénica de los castaños es la casi total ausencia de especies consideradas nitrófilas o coniófilas (afinidad por el polvo), principalmente de los géneros *Xanthoria*, *Caloplaca*, *Physcia sp.* o *Rinodina*. También son muy escasas las referencias a cianolíquenes gelatinosos, y siempre como ocasionales. De ello se deduce que la corteza de los castaños no debe tener un pH neutro o básico y que su facilidad para captar y retener el polvo atmosférico es muy baja.

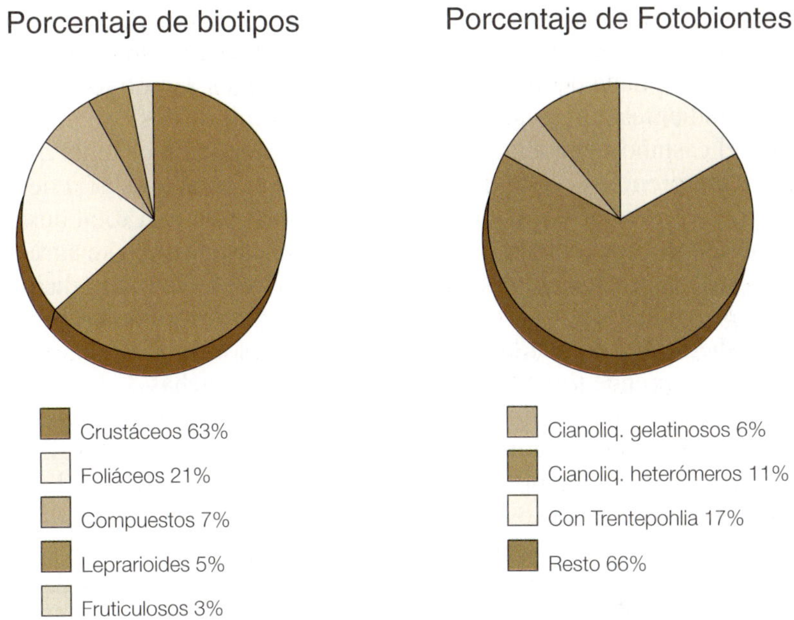

Fig. 2. Porcentaje de biotipos y de fotobiontes presentes en la flora liquénica epifita de los castañares españoles (ver explicaciones en el texto).

Ahora bien, los castañares suelen encontrarse en territorios con precipitaciones importantes y regulares a lo largo del año y, por ello, sería entendible que se produjese el lavado de las superficies, y de ahí la ausencia de las mencionadas especies. Sin embargo, sería esperable que los líquenes gelatinosos, que dependen del agua líquida, tuvieran una diversidad y cobertura considerables; la ausencia de estas especies rebela la escasez de flujo de agua a lo largo de los troncos. La explicación entonces debe de buscarse en la forma de su copa, las características de su corteza (textura, composición química, capacidad de retención o de evaporación del agua, etc.), la estructura de la masa forestal donde se desarrollan, la edad de los pies de árboles, la acción antrópica, etc. y, también, por comparación con la flora de otros árboles que conviven con el castaño en las mismas condiciones ecológicas. Efectivamente, la diversidad de epifitos en el castaño es aproximadamente la quinta parte de la flora que crece sobre los robles del mismo territorio, y más del 60% de las especies son acidofíticas o neutro-acidofíticas, por lo que el pH del ritidoma debe de tener una reacción más ácida que la de lo robles.

También se puede valorar la diversidad florística mediante el análisis de los biotipos de las especies (fig. 2), que señala la presencia de un elevado porcentaje de líquenes crustáceos (63%), de los cuales casi la mitad tienen el talo endofleódico. Resaltar que sólo seis de las especies son fruticulosas, y casi lo mismo puede decirse de los talos leprarioides. Como los crustáceos son dependientes del agua del sustrato (sustratohigrófilos), se puede deducir que el castaño tiene una corteza con buena retención de agua que determina la preferencia de este tipo de colonización. La abundancia de talos endofleódicos (característicos de las cortezas lisas) y la casi total ausencia de líquenes coniófilos indican que el ritidoma del castaño sólo se agrieta de forma importante en los ejemplares de mucha edad. Es curioso, dados los mesoclimas donde crecen los castaños, que los líquenes foliáceos ofrezcan tan baja cobertura y diversidad (por ejemplo, en especies del género *Parmelia*), pero sorprende todavía más el hecho de que muchas de las otras especies sean muscícolas o tengan el talo heterómero con cianobiontes. En algunos castañares centroeuropeos, donde se han realizado estudios, se ha demostrado que en los ejemplares viejos la relación de especies de líquenes con respecto a las de briofitos está siempre ligeramente a favor de estos últimos, lo que apoya el dato de la buena capacidad de retención de agua de sus cortezas (los musgos y las hepáticas requieren de buenas cantidades de humedad en el sustrato).

Otro dato a tener en cuenta es la proporción de tipos de fotobiontes que forman parte de los talos liquénicos (fig. 2). El hecho de que casi el 20% tengan el alga *Trentepohlia*, indica el carácter oceánico de los territorios y la ausencia de grandes fríos; e, incluso, la abundancia de especies de *Phaeographis*, que son bastante termófilas en algunos enclaves próximos a las costas, pone en evidencia que su termoclima es próximo al subtropical.

Las referencias a la presencia de lignícolas sólo se dan en los bosques viejos y bien estructurados. La relativa poca representación de especies de *Lobarion* (*Sticta*, *Lobaria*, *Nephroma*, *Parmeliella*, *Nephroma*, etc.) indica que la estructura forestal en la mayor parte de los castañares está alterada y es poco nemoral; de hecho *Lobaria amplissima*, *L. pulmonaria* o *Dendriscocaulon umhausense*, excelentes bioindicadoras de la continuidad ecológica del bosque, sólo han sido encontradas dos veces sobre castaño. Todo ello, unido a la gran cantidad de crustáceos, nos permite asegurar que una gran proporción los castaños son jóvenes o de mediana edad, y que en muchos casos se tratan de formaciones poco naturales.

Los líquenes encontrados hasta ahora en los castañares españoles pueden encuadrarse dentro de elementos florísticos diferentes pero relacionados, no sólo con la situación geográfica, sino con el termo- y ombroclima de las localidades estudiadas. Sin embargo, lo más importante a señalar es que las especies más frecuentes y abundantes son, en su mayoría, de amplia distribución, fundamentalmente holártica, y con muy poca especificidad por los sustratos que colonizan: citemos a *Arthopyrenia antecellens*, *Artho-*

nia radiata, *Bacidia laurocerasi*, *Buellia disciformis*, *Collema furfuraceum*, *Graphis scripta*, *Hypogymnia physodes*, *Lecanora carpinea*, *L. pallida*, *Lecidella elaeochroma*, *Ochrolechia subviridis*, *Parmelia caperata*, *P. chinenese*, *P. glabratula*, *P. subaurifera*, *P. borreri*, *Pertusaria amara*, *P. leioplaca*, *P. pertusa*, *Ramalina farinacea*, etc.

En las zonas más oceánicas y térmicas los elementos atlántico-mediterráneos, relacionados en algunos casos con antiguos contingentes tropicales, matizan las comunidades (*v.g.*: *Bacidia laurocerasii*, *Buellia jorgei*, *Byssoloma leucoblepharum*, *Catinaria atropurpurea*, *Graphis elegans*, *Haematomma ochroleucum*, *Lecanora expallens*, *L. jamesii*, *Lecidea carrollii*, *Leptogium brebissonii*, *Maronea constans*, *Opegrapha niveoatra*, *Pannaria mediterranea*, *Parmelia revoluta*, *Pertusaria trachythallina*, *Phaeographis dendritica*, *P. lyellii*, *Phlictis agelaea*, *Pyrenula macrospora*, *Scoliciosporum pruinosum*, *Sticta limbata*, *Usnea inflata* o *U. subfloridana*).

Cuando los castaños se encuentran en los pisos bioclimáticos colinosuperior o montano la participación de elementos centroeuropeos y boreales, con cierto matiz oceánico, es mayor; así se citan *Acrocordia gemmata*, *Arthonia didyma*, *A. fuliginosa*, *A. punctiformis*, *Bacidia phacodes*, *Candelaria concolor*, *Catinaria atropurpurea*, *Haematomma elatinum*, *Lecanora allophana*, *L. pulicaris*, *L. symmicta*, *Lepraria neglecta*, *Ochrolechia androgyna*, *O. turneri*, *Parmelia arnoldii*, *P. crinita*, *P. laevigata*, *P. omphalodes*, *Parmeliella triptophylla*, *Parmeliopsis hyperopta*, *Pertusaria alpina*, *P. hymenea*, *Thelotrema lepadinum*, entre otras.

La escasez de inventarios no permite identificar las asociaciones de la vegetación epifita de los castaños pero, con las diferentes combinaciones florísticas que se han dado en los catálogos, sí se puede tratar de realizar una síntesis de los principales órdenes y alianzas fitosociológicas que, con mayor frecuencia, aparecen representados; con el esquema de la fig. 2 es posible encuadrarlas en los distintos biotopos de los árboles donde son más frecuentes.

I.— ***Leprarietalia*** Barkmann 1958. Comunidades esciofíticas, acidofíticas, aereohigrófilas o parcialmente ombrófobas; líquenes con talos pulveruláceos, imperfectos.

— ***Leprarion incanae*** Almquist 1948. Especies: *Lepraria incana*, *Chrysotrix candelaris*.

II.— ***Lecanorietalia variae*** Barkmann 1958. Comunidades fuertemente acidofíticas, ombrofíticas pero aeroxerofíticas, fotofíticas y toxitolerantes, siempre sobre madera muerta o leño, ocasionalmente en cortezas ácidas. Líquenes con talos crustáceos con frecuencia epifleódicos y algunos escuamulosos.

— ***Lecanorion variae*** Barkmann 1958. Especies: *Lecanora symmicta*, *L. varia*, *Rinodina exigua*, *Hypocenomyce scalaris*.

III.— ***Arthonietalia radiatae*** Barkmann 1958. Comunidades pioneras de talos crustáceos, generalmente fértiles (también algunas algas), sobre cortezas lisas de árboles vivos. Ombrófilas, mesofíticas, fotofíticas (heliofíticas), neutro o subacidofíticas, poco o muy toxitolerantes.

— ***Graphidion scriptae*** Ochsner 1928 em. Barkmann 1958. Talos endofleódicos, muchos con *Trentepohlia*. Especies: *Arthonia radiata*, *Arthonia sp.*, *Buellia disciformis*, *Arthopyrenia sp.*, *Graphis scripta*, *Pyrenula nitida*, *Lecanora sp. subfusca*, *L. intumescens*, *Opegrapha viridis*, *O. atra*, *Pertusaria pertusa*, *P. leioplaca*, *Thelotrema lepadinum*.

IV.— ***Hypogymnietalia physodo-tubulosae*** Barkmann 1958. Comunidades de estructura compleja, acidofíticas, estrictamente nitrófobas y toxifobas, fotofíticas y ombrófilas o aerohigrófilas, talos foliáceos, fruticulosos y crustáceos, generalmente formando varios estratos. Predominancia de los géneros *Parmelia*, *Usnea*, *Bryoria*, *Evernia*, *Cetraria* y *Parmeliopsis*.

— ***Parmelion caperatae*** Barkmann 1958. Especies: *Parmelia caperata*, *P. chinense*, *P. subaurifera*, *P. subrudecta*, *P. revoluta*, *Ramalina farinacea*, *Pertusaria amara*.

— ***Usneion florido-ceratinae*** Barkmann 1958. Especies: *Usnea rubicunda*, *U. florida*, *U. inflata*.

V.— ***Neckeretalia pumilae*** Barkmann 1958. Comunidades briofíticas o brio-liquénicas, que representan el máximo de evolución dinámica de la alianza *Graphidion*, sustratohigrofíticas hasta aerohigrofíticas, muy toxisensibles y nitrófobas, subacidófilas, de bosques caducifolios de territorios atlánticos y centroeuropeos; cierta preferencia por cortezas lisas. Sólo en bosques bien estructurados.

— ***Lobarion pulmonariae*** Oschner 1928. Comunidades ombrofíticas, muy sensibles a la xericidad, muy sustratohigrófilas. En territorios muy oceánicos no necesita cobertura muscinal. Sólo si hay exceso de precipitación busca los enclaves más iluminados. Extremadamente sensible a la contaminación atmosférica. Especies: *Lobaria pulmonaria*, *L. amplissima*, *L. scrobiculata*, *Nephroma laevigatum*, *Sticta sylvatica*, *S. fuliginosa*, *Parmeliella triptophylla*, *P. plumbea*, *Normandina pulchella*, *Pannaria rubiginosa*, *Leptogium lichenoides*, *Parmelia arnoldii*, *P. crinita*.

VI.— ***Cladonio-Cetrarietea*** Mattick 1951 em. Barreno & Crespo 1975. Comunidades terrícolas y muscícolas sobre diversos sustratos, de talos compuestos, fruticulosos o foliáceos.

— ***Cladonion coniocraeae*** Duvigneaud 1942. Sobre troncos musgosos, con acumulación de partículas del suelo, estrato muscinal, acidofítico, fotofítico. Especies: *Cladonia coniocraea*, *C. fimbriata*, *C. macilenta*, *C. bacillaris*, *C. chlorophaea*, *C. parasitica*, *C. digitata*, *C. squamosa*.

2.6.3. *Los líquenes como bioindicadores de contaminación atmosférica*

2.6.3.1. *Los contaminantes de la atmósfera*

La atmósfera es una mezcla fascinante de gases, vapores y partículas diminutas en suspensión. El polvo de los desiertos, los humos y las cenizas de los volcanes, los aromas delicados de los bosques y la fragancia marina, junto con los pólenes y esporas, todo en conjunto, contribuyen a dar un carácter natural al aire y su presencia no contamina. Sólo son contaminantes de la atmósfera aquellas sustancias que producen efectos adversos y dañinos sobre las plantas, animales o materiales; aquellas que modifican las propiedades físicas o químicas del medioambiente, produciendo un desequilibrio que los sistemas naturales de autodepuración son incapaces de superar. En los dos últimos siglos el hombre ha alterado la composición de la atmósfera al verter en ella todo tipo de compuestos que actúan como agentes contaminantes sobre los seres vivos y los ecosistemas que se encuentran en la troposfera.

Los contaminantes del aire pueden clasificarse por su origen. Así, se consideran como «primarios» los que son directamente vertidos a la atmósfera desde los puntos de emisión (anhidrido sulfuroso, óxidos de Nitrógeno, metales pesados, radioisótopos, partículas, etc.); como «secundarios» aquellos cuya presencia se debe a que son sintetizados en la atmósfera durante el transporte, a partir de precursores químicos primarios; así sucede con la deposición ácida (derivados sulfurados o nitrogenados) o los fotooxidantes (ozono, peroxiacetilnitrato, etc.).

Se expone a continuación un listado de los contaminantes atmosféricos que pueden afectar a los vegetales, indicando aquellos que tienen tendencia (o no) a acumularse:

Primarios
- Oxidos de Azufre
- Oxidos de Nitrógeno, amoniaco
- Derivados fluorados
- Tóxicos (metales, orgánicos, radioisótopos)
- Clima (temperatura, precipitación, humedad relativa, radiación)

Secundarios
- Sulfatos (Deposición seca/húmeda)
- Nitratos (Deposición seca /húmeda)
- Ozono (Fotoxidantes)
- P.A.N. (Fotoxidantes)
- Amonio
- Peróxido de Hidrógeno

Acumulación
- Compuestos azufrados
- Compuestos nitrogenados
- Compuestos fluorados
- Metales pesados
- Radionucleidos

No Acumulación
- Ozono (O_3)
- Peróxido de Hidrógeno (H_2O_2)

Por tanto, el ozono y el peróxido de Hidrógeno tiene corta permanencia en la baja atmósfera, dado que son fuertes oxidantes en un medio rico en materia orgánica (reductor).

La deposición ácida es un término que incluye todas las formas de sustancias ácidas o acidificantes (fundamentalmente los ácidos sulfúrico y nítrico, los óxidos de Nitrógeno y el dióxido de Azufre) que son transferidas desde la atmósfera al suelo, tanto en seco (gas, partículas) como en húmedo (precipitación). Se define como precipitación ácida la lluvia, nieve, niebla y otras clases de precipitación con pH inferior a 5.6. Los fotoxidantes se originan por las complejas transformaciones que sufren los óxidos de Nitrógeno junto con el Oxígeno del aire, en presencia de intensa radiación ultravioleta y de hidrocarburos volátiles; son por ello especialmente frecuentes en las áreas con climas mediterráneos y actualmente constituyen un importante problema de contaminación en el hemisferio Norte.

Son muy importantes, por su posible área de impacto, las distancias a que se desplazan los contaminantes desde los puntos de emisión hasta que retornan a la superficie (inmisión). Los contaminantes de «escala local» sólo viajan unas decenas de kilómetros; sin embargo, los de «escala regional» se desplazan cientos e incluso miles de kilómetros; por último, los de «escala global» se distribuyen por toda la atmósfera de la Tierra.

En la escala regional, además de la deposición ácida, se incluyen muchos otros contaminantes que tienen influencia, demostrada o potencial, sobre los vegetales y sus comunidades; entre ellos están los fotooxidantes (de los cuales el ozono es muy importante), y los metales pesados (que pueden permanecer hasta semanas en suspensión). Todo el conjunto puede ser transportado a más de mil kilómetros del origen. En consecuencia la deposición, seca o húmeda, se produce eventualmente sobre lagos, campos o bosques, pero generalmente en áreas amplias. El transporte a larga distancia de estos contaminantes de escala regional tiene generalmente repercusión transnacional o, incluso, transcontinental y las superficies que pueden ser afectadas abarcan decenas o centenas de km^2.

La inmensa mayoría de los contaminantes dejan residuos, pudiéndose ser detectados en los vegetales mediante análisis químicos; sin embargo, el ozono (por su corta permanencia) sólo puede detectarse por los síntomas específicos que produce en algunas especies (por ejemplo, el moteado clorótico en los pinos, o por métodos indirectos como la lixiviación de iones K por la oxidación que sufen las membranas celulares).

2.6.3.2. Los vegetales como bioindicadores

Los vegetales reaccionan frente a los contaminantes atmosféricos antes que cualquier otro ser vivo de los ecosistemas en que se desarrollan, siendo más sensibles en sus relaciones con el entorno, siendo su respuesta de un gran valor (dado que es la de un sistema biológico y, además, está diferenciada para cada especie o comunidad); la respuesta a la contaminación está en función de la combinación, concentración y duración de los contaminantes. Además, constituyen la base del funcionamiento y estructura de los ecosistemas y, por tanto, el diagnóstico de los efectos nocivos de la contaminación atmosférica sobre los vegetales permite establecer hipótesis predictivas sobre la evolución de la calidad del aire en amplios territorios, por lo que se pueden desarrollar a tiempo, acciones o programas de defensa medioambientales antes de que los niveles de contaminación puedan afectar a la salud del hombre o se produzca la desestabilización irreversible de los ecosistemas. De esta forma, y con bajo costo, se pueden detectar aquellas masas de aire que transportan contaminantes sin necesidad de establecer puntos de medición de parámetros físico-químicos y, al mismo tiempo, se pueden optimizar las redes de control de contaminación al señalar las zonas donde deben situarse. Este aspecto es particularmente interesante en el caso de España, debido a la situación latitudinal, diversidad de relieves y complejas recirculaciones atmosféricas. Por todo ello, las plantas, y especialmente los líquenes, son buenos indicadores biológicos de calidad ambiental y se utilizan para hacer valoraciones previas y evaluar riesgos potenciales.

Los contaminantes atmosféricos, en una primera fase, interaccionan con las superficies de contacto y alteran el intercambio de gases pero, una vez incorporados al interior del vegetal, sufren transformaciones químicas. Los nuevos productos originados pueden ser más tóxicos para el organismo que los propios contaminantes, produciendo disfunciones orgánicas de diversos tipos. Los vegetales han evolucionado en un ambiente gaseoso en donde algunas de esas sustancias son componentes naturales pero, cuando la concentración de las mismas excede los límites críticos de su adaptación y tolerancia, aparecen las perturbaciones al estar sometidos a un *stress* ambiental. Entonces las especies más sensibles de los ecosistemas empiezan a sufrir alteraciones en su funcionamiento, mostrando rápidamente lesiones de distintos tipos y que, en ocasiones, llevan a su desaparición.

Cuando aparecen daños sobre los vegetales, éstos pueden deberse a una alteración disarmónica (como puede originar la presencia de sustancias tóxicas), o bien por la alteración de los rangos de los parámetros que definen su óptimo ecológico. La capacidad de los vegetales (tolerancia, amortiguación) para luchar contra estas alteraciones es muy distinta de unas especies a otras (resistencia/sensibilidad). La resistencia/sensibilidad está relacionada con la capacidad de adaptación del vegetal a las perturbaciones del medio ambiente en el que vive frente a la presencia de un contaminante; puede consistir en la capacidad del protoplasma para soportar valores extremos, esto es, **tolerancia**, o en la existencia de dispositivos que impiden o ralentizan la actuación del mismo, es decir, **amortiguación** («*avoidance*», evitación); o, bien, en una combinación de ambos.

Los posibles mecanismos de resistencia/sensibilidad de los vegetales a las alteraciones producidas por sustancias contaminantes se exponen en el siguiente esquema:

Ritmo metabólico		Estado de madurez
	Vitalidad	
Valor del pH		Efectos de inhibición
	Resistencia citoplásmica	
	Tolerancia	
	Resistencia a los contaminantes	
	Amortiguación	
Reducción de la toxicidad		Reducción de la asimilación de los contaminantes
(Capacidad amortiguadora)		(modificaciones morfológicas)
		(senescencia prematura)

Los condicionantes de la respuesta obtenidas (síntomas) son los siguientes:

— Combinación de contaminantes
— Concentración de los agentes contaminantes
— Permanencia de los contaminantes
— Respuesta: Aditiva, sinérgica o antagónica
— Exposición: (Concentración de contaminantes) × (Tiempo)
Aguda: Elevada concentración y poco tiempo
Crónica: Baja concentración y tiempo largo
— Daños: agudos o crónicos
— Dosis: (Concentración de contaminantes que se incorporan al metabolismo del vegetal) × (Tiempo)
— Susceptibilidad: Senescencia prematura
— Otros: Area de distribución, historia biológica o geológica, dinámica, estructura y funcionamiento de las comunidades, deficiencias nutricionales, clases de edad, etc.

La activación de los mecanismos de destoxificación se hace a expensas de un coste energético, induciendo la movilidad de reservas y la disminución de la capacidad de respuesta a enfermedades y otros factores de estrés ambiental (clima, suelo, patógenos, usos, etc.).

El impacto producido por los agentes contaminantes se refleja tanto sobre el ecosistema como sobre los organismos individualmente considerados y, generalmente, comienza con alteraciones moleculares, lo que conllevan interacciones con procesos metabólicos. El amplio rango de variación en las respuestas por parte de las distintas especies permite establecer escalas de sensibilidad. Los síntomas visibles de daño, cobertura, frecuencia de aparición, cambios en la distribución, etc., de las diferentes especies en el seno de la fitocenosis donde viven ha permitido el desarrollo de metodologías relacionadas con la progresión de los síntomas o los cambios en la diversidad, si bien estos últimos son válidos sólo si la acción de los contaminantes se ha ejercido durante un cierto tiempo. Pero los efectos directos deben ser contrastados con los resultados obtenidos de la experimentación en laboratorio, bajo condiciones controladas, utilizándose fundamentalmente los de los parámetros fisiológicos (fotosíntesis, respiración, conductividad estomática, alteraciones en el crecimiento y/o productividad, etc.). Los problemas y limitaciones en la interpretación de los datos obtenidos por las metodologías desarrolladas provienen, en general, del hecho de que los resultados en laboratorio no son más que parcialmente extrapolables a lo que sucede en condiciones naturales, ya que las interrelaciones son muy complejas y es prácticamente imposible controlar todas las variables.

La utilización de bioindicadores está basada en la estimación de los efectos que producen los contaminantes sobre determinados organismos.

Un organismo se considera como «bioindicador» cuando presenta reacciones identificables a los distintos grados de concentración de contaminantes en la atmósfera. Cuando, además, se puede establecer una relación cuantitativa entre los daños observados y los niveles de contaminación se dice que es un «biomonitor», es decir, se convierte en un instrumento biológico de medida de la contaminación. También puede ser un «bioacumulador» si la concentración de un contaminante en un órgano de ese organismo se puede relacionar con las concentraciones de ese agente en el medio. En resumen, se pueden establecer las siguientes definiciones:

Bioindicadores: Se establecen en estos organismos reacciones identificables con los parámetros ambientales o los grados del cambio producido.

Bioacumuladores: Cuando las concentraciones de sustancias tóxicas en el organismo pueden relacionarse con modelos de deposición de esas sustancias.

Biomonitores: Permite el establecimiento de relaciones matemáticas entre los datos biológicos y los físicoquímicos con extrapolación de datos biológicos; se establecen medidas de parámetros físicoquímicos (información cuantitativa).

Un buen **bioindicador**, por tanto, debe cumplir una serie de condiciones básicas: ciclo de vida largo, amplia distribución, reacciones de tolerancia-evitación, escasa movilidad, biomasa suficiente, interacciones mínimas con el sustrato y homogeneidad genética. Las principales características que se consideran en los estudios de bioindicación son, pues, las siguientes:

— Sensibilidad conocida a distintos contaminantes.
— Sintomatología específica.
— Amplia distribución y biomasa suficiente en el área de estudio.
— Escasa movilidad.
— Ciclo de vida largo.
— Presencia a lo largo de todo el año y facilidad de recolección.
— Uniformidad genética en el área.
— Capacidad de acumulación en concentraciones medibles.
— Diferencias en los valores de captación (dosis) y acumulación, en relación a la exposición.

Las ventajas del uso de bioindicadores son obvias:

— Permite obtener respuestas por un ser vivo.
— Se integran las condiciones ambientales y sus fluctuaciones. Por ello la respuesta refleja la evolución temporal de los procesos de contaminación.
— Bajo costo de las Redes Biológicas de control de la calidad del aire en amplios territorios.
— La densidad y la extensión de las estaciones de muestreo compensan la teórica imprecisión de los datos. Téngase en cuenta que los registradores fisicoquímicos sólo son válidos para el tiempo y punto de registro. Se puede realizar una validación estadística de modelos con datos reales.
— Permite la optimización de las redes de control fisicoquímico.
— Puede ser complementaria a otro tipo de redes.
— Por tanto, los mecanismos de acción de los contaminantes sobre los vegetales permiten:
— Planes de actuación para la reducción de la intensidad de datos
— Prevención de riesgos
— Desarrollo de normativas legales, etc.

En todo caso, se ha demostrado fehacientemente que muchos líquenes muestran una gran sensibilidad frente a la contaminación atmosférica y su respuesta es tan rápida, con respecto a la de otros vegetales, que las evaluaciones de su estado se consideran básicas para el desarrollo de programas de sanidad medioambiental.

2.6.3.3. Características de los líquenes como bioindicadores de contaminación atmosférica

Los líquenes, por su biología y modo de vida son buenos bioindicadores de la calidad del aire, ya que cumplen muchas de esas características: talo perenne, sin cutícula de protección (sin celulosa ni lignina); relación íntima con el ambiente y nutrientes derivados de la deposición, dado que no pueden seleccionar las sustancias que absorben; son estenoicos y reaccionan frente a las pequeñas variaciones del ambiente (como el pH); no tienen mecanismos activos de excrección (concentrando y acumulando los diferentes compuestos a partir de soluciones diluidas); son sensibles a los contaminantes gaseosos y acumulan metales pesados; no dependen nutricionalmente del sustrato. A todo ello se añade que no sufren plagas; no dependen de las anomalías del suelo; y tienen una amplia distribución sobre gran variedad de sustratos. Así, pues, los líquenes son monitores continuos e integradores de las condiciones ambientales y sus cambios.

El grado de respuesta es diferente porque depende del equilibrio entre la capacidad de amortiguación de los efectos y la tolerancia a los mismos; así se pueden establecer escalas de especies con requerimientos y sensibilidades diferentes. La sensibilidad no depende de la forma de crecimiento (biotipo), sino de la capacidad tampón del talo, de la anatomía, de su capacidad de retención de agua (ésta suele modificarse en función de las condiciones ambientales) y del área de distribución.

Se ha podido establecer que son más sensibles a la contaminación atmosférica los líquenes epifitos que los saxícolas o los terrícolas; esto es debido a que las copas de los árboles actúan como captadores de la deposición atmosférica, y el flujo de agua que discurre por el tronco transporta una concentración de contaminantes que afecta a los epifitos (tanto a los talos adultos como a sus estadios iniciales de desarrollo), lo que conlleva una disminución de las poblaciones de las especies más sensibles. Se puede comprender entonces que los líquenes epifitos están considerados como los mejores bioindicadores de la calidad del aire, ya que las características de las cortezas de los árboles están fijadas genéticamente y son constantes en cada especie; es decir, constituyen un sustrato homogéneo, por lo que su respuesta refleja solo las características de la atmósfera circundante.

Resumiendo, se puede decir que los líquenes son excelentes bioindicadores dado que tienen:

- Talo perenne, ciclo de vida largo y activo todo el año con crecimiento bajo y oportunista.
- Sin celulosa, lignina o suberina
- No tienen cutícula y, por tanto, carecen de proteción frente al exterior.

— Relación íntima con el ambiente; sus nutrientes son fundamentalmente los derivados de la deposición ambiental.
— Muy estenoicos.
— Poiquilohidros, capaces de hidratarse y ser activos absorviendo el agua de la atmósfera.
— No tienen sistemas de excrección (*v.g.*: abcisión).
— Sin dependencia nutricional directa del sustrato (ninguna absorción activa).
— Amplia distribución en una gran variedad de sustratos.
— Sensibilidad a contaminantes gaseosos o acumulación de metales pesados, radioisótopos.
— Amortiguan encogiendo el talo; gran capacidad tampón, reduciendo la asimilación de gases (soredios, sustancias hidrófobas).
— Tolerancia: resistencia citoplásmica, momento metabólico, madurez del talo, vitalidad, inhibición de efectos.

Los fatores que median, además, en la sensibilidad son:
— Condiciones ambientales (*v.g.*: termo y supramediterráneo).
— Area de distribución.
— Anatomía y morfología del talo.
— Capacidad de absorción y retención del agua (resistencia a la difusión de gases).
— No seleccionan sustancias; en consecuencia las concentraciones efectivas de contaminantes están en relación con las del ambiente.
— Amplia escala de especies con requerimientos y sensibilidad diferentes.
— Monitores continuos e integradores de las condiciones ambientales y sus cambios (la respuesta a la contaminación refleja la evolución temporal de la misma).
— Epifitos: No están sometidos a plagas.
— No dependen de las anomalías del suelo.
— Características fisicoquímicas de las cortezas fijadas genéticamente (sustrato estándar).

2.6.3.4. Uso de los líquenes como bioindicadores de la calidad del aire

Las principales reacciones consideradas en la bioindicación son:

1. Los cambios morfológicos y anatómicos; son los síntomas visibles de daños (efectos nocivos), o las variaciones en la vitalidad o en la fructificación.

2. Las variaciones en la respuesta funcional (tasa fotosintética, fluorescencia de las clorofilas, degradación en pigmentos, integridad de membranas, fijación de Nitrógeno atmosférico, actividad enzimática).

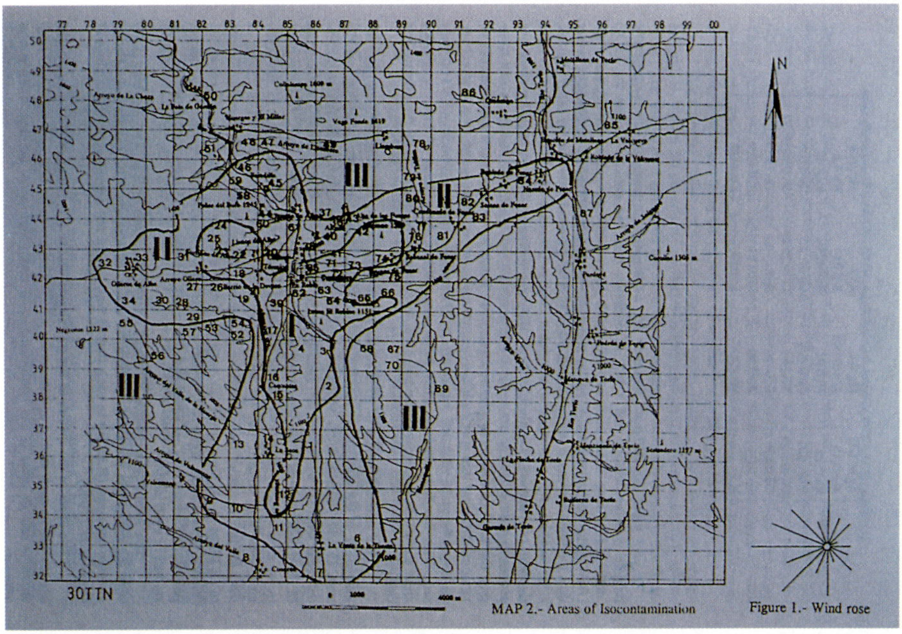

Fig. 3. Ejemplo de mapa mostrando las áreas concéntricas de isocontaminación detectadas con Indices de Pureza Atmosférica (I.P.A.), en los alrededores de la central térmica de La Robla (provincia de León). Las áreas están deformadas con respecto al foco emisor como consecuencia de la topografía de los valles y de la dirección de los vientos dominantes (TERRON y BARRENO, 1995).

3. Las alteraciones en la composición florística de las comunidades (desaparición de algunas especies y entrada de otras) y en la cobertura o frecuencia de algunas especies (estructura, dinamismo).

Con estos datos, se pueden establecer en el campo redes biológicas de control de la contaminación atmosférica (monitoreo, monición), que permiten seguir la evolución de la calidad del aire en amplios territorios y establecer modelos predictivos de esa evolución.

Hasta ahora las metodologías más aplicadas han sido la distribución (presencia o ausencia) de algunas especies sensibles, o los diversos índices de pureza atmosférica (I.P.A.), que permiten valorar las pérdidas de diversidad de las comunidades. Los resultados obtenidos se cartografían sobre un mapa del territorio donde se agrupan por áreas las estaciones que tienen un índice similar. En general, estas áreas suelen ser concéntricas con respecto al foco emisor y se correlacionan con el grado de polución. Sin embargo, la forma de estas áreas puede estar modificada por la topografía del territorio y la dirección de los vientos dominantes (fig. 3). Aquéllas siempre permiten deducir la importancia, extensión y evolución temporal de los focos de contaminación, o bien detectar la llegada de contaminación por transporte a larga distancia. En España se han obtenido importantes resultados, tanto en ciudades como en zonas industriales, pero sólo en Galicia se han usado los epifitos del castaño. Este tiene una corteza ácida y sus líquenes proporcionaron una rápida detección de la deposición ácida provocada por la central térmica de Puentes de García Rodríguez (provincia de La Coruña) en las zonas coincidentes.

Los mapas de distribución de especies comunes, más los mapas de riqueza de especies, dan tan buena bioindicación como el método numérico más complejo. Para elaborar los mapas de distribución, una vez establecida el área de estudio y después de un reconocimiento de la misma, se seleccionan las estaciones; una vez tomados los datos se elaboran los mapas.

Para la determinación del área de estudio hay que tener en cuenta el tipo de fuente de contaminación (Central térmica, complejos industriales, etc.), el tipo de contaminantes presentes, niveles en la atmósfera, y dirección de los vientos dominantes. El área debe ser lo suficientemente grande para que en el límite haya flora liquénica natural de ese territorio. Se precisa también un buen conocimiento de la flora liquénica, así como de los forofitos más comunes; también es preciso conocer el uso habitual del territorio, así como las posibles alteraciones anteriores que haya sufrido (*v.g.*: incendios).

En la selección de las estaciones hay que tener en cuenta la abundancia de forofitos con flora liquénica, para estandarizar el muestreo; se utilizarán pocos tipos de forofitos. El diámetro de los troncos debe variar poco; el área del tronco a estudiar debe ser la comprendida entre 0.5 y 2 m^2. Por último, no se pueden mezclar los datos obtenidos en distintos tipos de forofitos.

La densidad de estaciones depende del tamaño del área y del grado de resolución que se precise. Finalmente, hay que correlacionar los datos de campo con los datos fisicoquímicos para poder encontrar especies/grupos de especies que sean buenos bioindicadores en ese territorio, y elaborar mapas que pueden indicar el grado de calidad del aire del mismo.

Se conoce bastante sobre los efectos del dióxido de azufre (SO_2) en los líquenes, así como del ácido fluorhídrico (HF), los metales pesados o los radioisótopos, pero en la actualidad es la contaminación fotoquímica (Ozono, P.A.N., NOx) el problema más preocupante, sobre todo en climas mediterráneos. Los síntomas visibles parecen ser muy distintos en función de los tipos principales de contaminantes; la evaluación de su extensión permite controlar la evolución de la calidad del aire en cortos periodos de tiempo. Por ejemplo, *Parmelia quercina*, uno de los líquenes foliáceos más comunes y resistentes al SO_2 en la Península Ibérica, presenta síntomas visibles de daños muy importantes en el arco levantino (foto 21), siendo éstos muy distintos de los debidos al anhidrido sulfuroso (decoloración hasta necrosis en los lóbulos más jóvenes; foto 22), ya que comienzan con coloraciones

Foto 21. El líquen *Parmelia quercina* mostrando el talo completamente necrosado, en una zona de las montañas levantinas donde se registran grandes concentraciones de agentes contaminantes, principalmente fotooxidantes. Nótese que otras especies menos sensibles, en el mismo tronco, no aparecen afectadas del mismo modo (Foto. TORMO).

Foto 22. El líquen *Parmelia sulcata* sobre robles en las inmediaciones de la central térmica de La Robla (provincia de León), donde la deposición ácida es el principal tipo de contaminación atmosférica. Se destaca el distinto tipo de daño con las manchas coloreadas en el extremo más joven de los lóbulos (Foto. TORMO).

rosadas en las zonas centrales de los talos hasta la completa necrosis de los mismos. En esos territorios se han constatado elevadas concentraciones de estos compuestos hasta el punto que, en algunas localidades, sus poblaciones están en serio peligro; sin embargo, las especies reputadas como sensibles al SO_2 (*v.g.*: *Usnea sp.*) han incrementado su cobertura, al igual que las especies nitrófilas. Se tratan, pues, de problemas muy complejos que todavía requieren mucha experimentación.

La principal metodología para la cuantificación de los efectos de los contaminantes en laboratorio consiste en evaluar las respuestas fisiológicas de los líquenes. Las variables usadas para medir las alteraciones metabólicas son: inhibición de la fotosíntesis, cambios en la respiración, incremento del flujo de iones potásios (K^+), y degradación de las clorofilas. Los diferentes agentes contaminantes suelen tener propiedades fisicoquímicas distintas, pero afectan los sistemas fisiológicos de los líquenes de forma parecida.

El orden de sensibilidad decreciente de los procesos fisiológicos liquénicos parece ser: fijación de Nitrógeno atmosférico > pérdida de iones K^+ > fotosíntesis > respiración > degradación de los pigmentos. Actualmente, es posible la cuantificación de los efectos de los contaminantes en laboratorio mediante la medición de las respuestas de los líquenes al ser sometidos a fumigaciones con gases contaminantes en condiciones controladas. Sin embargo, estos resultados sólo pueden usarse como indicadores de sensibilidades relativas de las distintas especies, o para conocer los mecanismos del daño, ya que el comportamiento de los líquenes en condiciones de campo puede ser distinto.

CAPITULO 3

Cultivo, selvicultura y aprovechamientos

3.1. Viveros

3.1.1. Selección del fruto

Después de la recolección de las castañas previamente seleccionadas por la calidad del árbol y del fruto a finales de Octubre y principios de Noviembre, se escogen con arreglo a características externas tales como morfología, brillo, peso y tamaño (foto 23).

En los viveros tradicionales, tanto particulares como de la administración, no se realizan otras pruebas de tipo más técnico o de laboratorio, como pueden ser ensayos sobre el índice de germinación, análisis genéticos, etc.

Las castañas elegidas como de primera calidad se envasan en sacos de yute o esparto en espera de ser sometidas en la siguiente fase de prueba de estratificación en frío, que consiste en la formación de montones de capas sucesivas de arena y castañas humedecidas adecuadamente de forma que la cantidad de agua no sea excesiva y provoque la germinación del fruto. Dichos montones se ubican en lugares secos, frescos, oscuros y libres de roedores, ya que estos animales pueden llegar a causar graves daños e inutilizar las partidas preparadas. En esta situación de estratificación permanecen entre 4 y 5 meses, hasta la época de su siembra en vivero, durante los meses de Abril y Mayo.

Para que no existan problemas hasta el mes de Mayo (mes de la siembra), habrá que realizar una vigilancia constante con el fin de que el man-

Foto 23. Magníficos viveros de castaños de 1 a 5 años de edad en Robledo de Sanabria (provincia de Zamora).

tenimiento sea idóneo. Nunca debe de realizarse la siembra con castañas del año anterior.

Después de la estratificación en frío se procederá a una segunda selección de *visu* de las castañas, eliminando aquellas unidades que estuvieran deterioradas por alguna circunstancia adversa. Normalmente corresponden a este grupo un 10%, aunque pueden existir años que se duplique dicha cantidad.

Simultáneamente a la selección de *visu* se corrobora la bondad individual de cada castaña introduciéndolas en un recipiente de agua con el fin de comprobar su densidad.

El procedimiento expuesto anteriormente es el más frecuente en los viveros de castañas en España, pero existen otras modalidades de obtención y tratamiento del fruto para siembra en vivero.

Con el fruto ya dispuesto para la siembra se necesita tener preparadas las eras del vivero.

3.1.2. Germinación

Las castañas sembradas en primavera (Marzo-Abril), conservadas según el método de estratificación en frío, germinan perfectamente sin ser necesario realizar tratamiento previo alguno. El número de semillas por kg de castañas está en unas 150 semillas como termino medio, y su facultad germinativa media oscila alrededor del 73%.

3.1.3. Ubicación del terreno para siembra y calidad de éste: su preparación

Para la implantación del terreno se debe elegir zonas llanas o con muy poca pendiente, a ser posible cercano a poblaciones para que puedan estar vigilados y atendidos, y se rodearán de una valla o cerca metálica para evitar el paso de animales que provoquen deterioros en los mismos, tanto domésticos como salvajes. Desde el punto de vista edafológico, los suelos deben cumplir las siguientes características:

— El árbol exige suelos fértiles y profundos con materia orgánica y nutrientes en abundancia.

— Suelos húmedos y frescos.

— Suelos sin piedras ni materiales gruesos; su textura debe ser preferentemente de francas a francoarenosas.

En general, será necesario la realización de mejoras en los suelos, con el fin de optimizar su textura y extructura, aunque en muchas zonas (como en la Comarca de Sanabria y, en concreto, en Robledo de Sanabria) debido a la presencia de magníficos suelos agrícolas, los primeros años no es necesario hacer correcciones.

Antes de la siembra será necesario realizar las labores oportunas que se exponen a continuación:

1. Laboreo superficial pleno del terreno a una profundidad mínima de 40 cm con arado de vertedera o de discos, o gradeo superficial de la misma forma, con grada de discos o cultivador de brazos.

2. Se pasa una fresadora, rotabator o rotocultor a los 10 días, para esponjar y moler los tabones y terrones gruesos.

3. Realización de los surcos con tractores pequeños tipo «mula mecánica», con arado de un cuerpo y doble vertedera, dejando una separación entre surcos de un metro; de esta forma, después que la planta haya emergido puede pasarse una grada de discos o de púas entre calles y limpiar las malas hierbas (foto 24).

3.1.4. Abonado y fertilización

Se utiliza abono orgánico procedente de camas de ganado vacuno y ovino en cantidades de 25 tm/ha cada dos años, para incorporarlo previamen-

Foto 24. Vivero mixto de castaño y pino. Preparación del terreno para siembra. Robledo de Sanabria (provincia de Zamora).

te antes de la siembra. Tambien se emplean fertilizantes químicos a base de Nitrato Potásico (13-0-45) a razón de 150 kg/ha.

3.1.5. Siembra

Se realiza en los meses de Abril a Mayo en las zonas seleccionadas y preparadas como vivero y, sobre los surcos de forma manual, con cuadrillas de obreros, se pone una sola castaña cada 8 o 10 centímetros a lo largo de los surcos. La densidad de planta viene a ser de 1000 árboles/área de vivero. Esta densidad que parece excesiva queda compensada por las marras del primer año. No se realizan siembras mecánicas (o al menos no la hemos observado en España). La profundidad de siembra es, como norma general, dos veces el diámetro del fruto. La forma ideal de situar la semilla en el hoyo sobre el surco sería de forma horizontal. A los 30 o 40 días comienzan a emerger las pequeñas plantas (fotos 25, 26, 27, y 28).

3.1.6. Daños en viveros

En general, no se realizan tratamientos fitosanitarios, deteriorándose algunas plantas y produciéndose la muerte de otras cuando han emergido, por in-

Foto 25. Vivero de castaños de uno a tres años.

Foto 26. Detalle de una plántula de castaño de una savia en vivero.

Foto 27. Otro de los muchos viveros existentes en Robledo de Sanabria (provincia de Zamora).

Foto 28. Vivero de castaños. Al fondo, plantación lineal de chopos.

sectos del suelo, como melolóntidos, noctuidos y elatéridos, que se alimentan de los cotiledones recién salidos. En los casos donde haya problemas de este tipo, la solución está en tratar el suelo antes de sembrar a la vez que se vayan haciendo los surcos, aplicándose en los mismos un insecticida microgranulado a base de *Carbofurano*, *Clorpirifos*, *Forato*, etc., a razón de 15 kg/ha.

Como el fruto es muy apetecido por diversos roedores hipógeos, como *Arvicola terrestris, Pitymus sp.* y ciertas aves, una vez que se hace la siembra, se debe realizar un tratamiento integral y perimetral por todo el vivero mediante la colocación de cebos parafinados o trocitos de manzanas impregnadas a base de rodenticidas crónicos anticoagulantes (como la *bromadiolona* o *clorofacinona*) de cara a proteger las semillas, raicillas y cotiledones contra estos agentes. Para aves se pueden emplear aparatos ultrasonidos que las auyentan, o aparatos que producen disparos de forma secuencial.

3.1.7. Extracción de la planta y traslado a la zona de plantación

Las plantas de vivero constituyen un material muy valioso, delicado y frágil, siempre sujeto a riesgos en su utilización y transporte, condiciones que pueden provocar fuertes pérdidas en las inversiones y en el esfuerzo de uno o más años de cultivo en vivero.

Por ello, desde que se arranca la planta a raíz desnuda en vivero hasta que quede establecida en el asiento definitivo, hay que manejarla con sumo cuidado evitando los siguientes peligros:

— Que las raíces y raicillas no queden dañadas mecanicámente perdiendo sus extremos, descortezándose o quebrándose.

— Que las plantas no se desequen sobre todo en su parte radical.

— Evitar que la planta se sobrecaliente.

3.1.8. Arranque y selección

La práctica corriente de arranque suele realizarse en plantas de 1, 2 y 3 savias, siendo la normal de una y dos savias.

El arranque correcto debe realizarse de forma que se obtengan la mayor cantidad de raíces unidas a la planta, debiendo ser la longitud del sistema radical extraído adecuado a la plantación a realizar. Es importante que la humedad de agua en el suelo sea la óptima para que permita la extracción de la planta sin daño alguno, siendo de suma importancia la estructura del suelo del vivero. Se desecharán todas las plantas con síntomas de enfermedad y aquellas que presenten coloraciones atribuidas a deficiencias nutritivas.

3.1.9. Transporte y almacenaje

Las plántulas recién arrancadas con todo su cepellón se meten con sumo cuidado en sacos formando grupos de diez, aproximadamente, para ser cargadas en el camión o furgoneta. Una vez que se llega al lugar de la plantación, como la mayoría de ellas no se van a plantar en el mismo día que llegaron, se almacenan en el terreno, practicando un hoyo donde se envuelve el sistema radical de los castaños con un poco de turba, tapando el sistema aéreo con una manta térmica para protegerlas de los cambios bruscos de temperatura y así evitar que por las noches se hielen.

3.2. Plan de mejora y regeneración del castaño

A partir de los años '50, bajo la dirección del Dr. VIEITEZ (Misión Biológica de Galicia) se desarrollaron las investigaciones tendentes a obtener y propagar castaños híbridos resistentes a la «tinta», utilizando *C. sativa*, *C. mollisima* y *C. dentata*. Los trabajos realizados presentaron múltiples problemas relativos, no sólo a mecanismos de defensa, sino a la multiplicación vegetativa, rizogénesis, cultivo *in vitro*, etc.. Según VIEITEZ «*la parte más árdua de este plan fué el programa de inoculaciones; la más decisiva fue la multiplicación de los castaños resistentes y, la más compleja y dificultosa, el estudio de la fisiología de la rizogénesis del castaño*».

Para seleccionar los castaños resistentes se utilizaron más de 260.000 castaños, ensayándose con una mezcla de 21 estirpes de *Phytophtora cinnamoni* obtenidas de castaños muertos por «tinta» en diferentes municipios de Galicia. Su virulencia fué previamente comprobada mediante inoculación en los castaños objeto de estudio.

Consecuencia de este Programa fué la obtención de unas 12.000 plantas madre de castaños resistentes que habían superado positivamente las pruebas de inoculación realizadas a lo largo de tres años. Estas plantas fueron trasladadas posteriormente al Centro de Investigación Forestal de Lourizán (Pontevedra, como marcaban las directrices forestales nacionales del «Plan de Mejora y Regeneración del Castaño») para continuar con las siguientes fases de selección de los castaños por sus crecimientos, calidades de madera, calidades de fruto, etc., pero sobre todo para su multiplicación en gran escala, de forma que pudiera satisfacer adecuadamente la demanda nacional de esta magnífica especie forestal. Este plantel de cepas madre resistentes de castaño se ha considerado como la colección mejor del mundo, con un *stock* genético inmejorable. Además, se admite la existencia de castaños resistentes al «chancro».

Sin embargo, debemos decir con respecto a la enfermedad del «chancro» (*Criphonectria parasitica*) que en España no se realizaron programas específicos de selección. La resistencia a esta enfermedad puede conseguirse mediante hibridaciones con *C. mollisima*, ya que presenta más resistencia natural a las dos enfermedades del castaño. Las técnicas de reproducción vegetativa (propagación de castaños resistentes) empleada se basan en el procedimiento puesto a punto por el Dr. VIEITEZ, referentes al acodo bajo con tratamiento hormonal y anillado.

Las fórmulas normalmente empleadas han sido las siguientes:

— En las primeras semanas del proceso (Mayo): 3 g de auxina sintética (ácido 3-indolbutírico, AIB), 3 g de auxina de enraizamiento (ANA) y 1 kg de vaselina.

— En las cepas acodadas con posterioridad a esta época: 5 g de AIB; 5 g de ANA y 1 kg de vaselina.

Los rendimientos medios por cepa obtenidos a lo largo de los años pueden cifrarse en unos cinco castaños bien enraizados, obteniéndose como media de todas las cepas del plantel los siguientes resultados: 55% bien enraizados, 25% con escasas raíces y 20% sin raíces.

En los primeros años de la existencia de las cepas madre el acodado se realizaba de forma discontínua dejando uno o dos años de descanso cada dos o tres de producción. Posteriormente, debido a la enorme demanda de plantas, se pusieron en producción sin período de descanso todas las cepas; sin embargo, se observó que a partir del tercer año empezaron a producirse muertes o pérdidas de vigor en algunas cepas, dándoles otra vez descanso a las cepas afectadas que volvían a recuperarse. La multiplicación por estaca, a pesar de su dificultad, es una técnica que facilitaría enormemente la producción de plantas.

Se han realizado ensayos con brotes de híbridos.

3.3. Producción de castaños resistentes

Las Administraciones públicas no han abordado suficientemente este problema, mientras que la iniciativa privada es imposible que, sin tener asegurada una rentabilidad, aborde este crucial aspecto para la extensión de los castañares.

Si el «Plan de Mejora y Regeneración del Castaño» que permitió obtener unas 12.000 plantas madre resistentes a «tinta» fué un gran éxito de la investigación forestal española aplicada, la fase de producción masiva de castaños resistentes no se abordó con el mismo éxito, y la producción ha sido muy inferior a la demanda anual (tanto de la solicitud nacional, como de otros países extranjeros vecinos, Portugal, Francia, etc.). Según VIEITEZ la producción en Galicia de castaños resistentes sería la siguiente:

— Centro de Investigación Forestal de Lourizán (Pontevedra, España) 1960-1988: 801.248 cepas resistentes.

— Viveros de la Falmega, Servicio de Provincial Forestal (S.P.F., Sigüero): 20.000 cepas resistentes.

— Viveros de la Chaina (S.P.F., Orense): 11.000 cepas resistentes.

— Viveros de Santa Cruz (S.P.F.): 500 cepas resistentes.

— Viveros de Monte Grande (S.P.F.): 2.000 cepas resistentes.

— Viveros de La Coruña (*FBM*) : 3.000 cepas resistentes.

Se observa, pues, que la mayor producción de estos castaños pertenece al Centro de Investigación Forestal de Lourizán, que produjo 68.587 castaños en el año 1988. Sin embargo, las solicitudes en ese mismo año fueron de más de 400.000 ejemplares. En proporciones parecidas sucedería en los otros viveros de plantas resistentes, suponiendo que el déficit anual estaría por encima del medio millón de plantas. Esta cifra se duplicaría en cuanto se promocionase la plantación y cultivo de estos castaños resistentes en toda la zona española tradicional del castaño (fotos 29, 30, 31, 32, 33, 34, 35, 36, 37 y 38).

3.4. Plantaciones y repoblaciones de castaños

3.4.1. Plantaciones

Se denominan plantaciones a pequeñas ubicaciones de castaño para fruto (pequeñas fincas, zonas puntuales, plantaciones lineales y circundantes) que van a dar lugar a los denominados sotos de castaño productores de fruto de calidad. Tradicionalmente estas plantaciones correspondían a individuos provenientes de vivero, los cuales, arraigados definitivamente y dependiendo de la zona, eran injertados con púas y por diferentes métodos de variedades seleccionadas.

Sin embargo, actualmente se está produciendo un cambio radical en la demanda por parte de los particulares que, al igual que en otros países, empiezan a solicitar pies injertados en vivero con variedades de gran calidad y, a ser posible, con los certificados de garantía convenientes.

Las plantaciones, en algunos casos serán nuevas y, en otros, de restitución de las antiguas por senescencia, enfermedades y muerte de los castaños viejos. En las plantaciones de sustitución se siguen manteniendo las distancias entre árboles y filas y, por lo tanto, las densidades tradicionales. Respecto de las nuevas, podemos hacer constar la existencia de distintos marcos de plantación y, por tanto, de las densidades correspondientes.

Con el fin de que el castaño pueda crecer y desarrollarse hasta alcanzar las dimensiones máximas posibles, conviene ser generoso a la hora de dejar el espacio adecuado. La distancia propicia entre árboles es de 8 a 10 metros para que estos desarrollen sus necesidades biológicas de forma correcta.

Foto 29. Parcela de castaños híbridos procedentes del plantel de cepas madre resistentes a la «tinta» (Centro de Investigaciones Forestales de Lourizán, Pontevedra).

Foto 30. Otro aspecto de la parcela de plantas madre resistentes a «tinta».

Foto 31. Operación de deshojado de los vástagos procedentes de cepas madre.

Foto 32. Detalle del deshojado correspondiente al tercio inferior del brote.

Foto 33. Operación de hormonado para la estimulación y aparición del sistema radical.

Foto 34. Anillado de los diferentes brotes en cada cepa.

Foto 35. Aporcamiento (o cubrimiento con tierra de las partes bajas de los brotes hormonados y anillados).

Foto 36. Continuación de la anterior operación (aporcamiento).

Foto 37. Fase final del aporcamiento.

Foto 38. Aparición de algunos brotes secos al cabo de algún tiempo posterior al aporcamiento.

Sería de desear, siguiendo las recomendaciones dadas por ELORRIETA, que en España el espaciamiento medio en las plantaciones a marco real se acercara a los 12 o 15 m con 45 a 70 pies/ha, ya que en estos sotos frondosos cuando alcancen 80 años tendrían sus copas una óptima iluminación.

Esta necesidad de buen espaciamiento se debe a que los frutos de castaño sólo se desarrollan en las ramillas terminales, siendo su producción tanto mayor cuanto más esté iluminada la copa.

En este caso, la forma más correcta de realizar la plantación es la apertura de zanjas mediante ahoyado de un metro cúbico de capacidad con retroescavadora.

Es importante realizar estas plantaciones con planta de vivero de la zona, la cual tiene que pasar el menor tiempo posible desde su descalce hasta su plantación definitiva (foto 39).

3.4.1.1. Plantación de asiento

Debe mullirse ligeramente la tierra que se deposita en el hoyo y, sobre su centro, se sostiene la planta verticalmente de forma que el cuello de la raíz alcance la altura de la superficie del suelo, observándose el nivel inferior al que llegan los extremos de las raíces. Posteriormente se rellenan de tierra hasta alcanzar este nivel, agregándo humus o mantillo, abono, o

Foto 39. Plantación joven de castaños en Aliste (Trabazos, provincia de Zamora).

Foto 40. Parte inferior de la foto: plantación jóven. Parte central: castaño aislado en una finca. Parte superior: sotos adultos injertados de excelentes variedades de fruto en Aliste, Trabazos (provincia de Zamora).

fertilizantes y, acto seguido, se coloca la planta vertiendo la tierra por todos los lados y cuidando que las raíces conserven su disposición natural y queden adheridas a la tierra, por lo que conviene apisonarla suavemente con la azada a medida que rellenamos el hoyo y finalmente más fuerte con el pie (foto 40).

3.4.1.2. Labores

El castaño es un árbol que agradece mucho el laboreo de la tierra en que se asienta, siendo esencial en su primera edad que se mantenga limpio el suelo de la maleza invasora. Por lo expuesto, en las plantaciones regulares de tierras llanas o de ribera de algunas zonas del Oeste de España (Valencia de Alcántara), y Portugal (Tras-os-Montes y Alto Douro) y, con el fin de aminorar el coste elevado que supone la preparación del suelo en maquinaria y mano de obra, asocian el castaño con otros cultivos agrícolas como los cereales (fundamentalmente avena y centeno) que, sin perjudicar al castaño, pueden beneficiarle con todas las labores y abonos que se incorporan al suelo (foto 41).

En las plantaciones normales, sin cultivos intercalados, se labra toda la tierra removiendo el suelo cada cierto número de años dependiendo de la zona en que se encuentre el castañar. Por ejemplo, en El Bierzo es muy normal que se labre todos los años en otoño; en la provincia de Salamanca, cada tres o cuatro años (también en otoño), y en Sierra Nevada (en castañares adultos) se acostumbra a darle una reja en Mayo cada dos años. En la Sierra de Aracena (Huelva) normalmente la labor superficial es anual. El objetivo principal que se pretende con estas labores es el conseguir que no se endurezca demasiado la capa superficial del suelo y la posibilidad de penetrar y extenderse con más facilidad el agua de lluvía o de riego (foto 42).

3.4.1.3. Cuidados de la plantación

Lo primero que hay que realizar es extremar los cuidados en la preparación de la planta y en el momento de la plantación, siendo posteriormente de gran importancia la realización de binas (operación de rotura de la costra superficial del terreno, con el fin de conservar la humedad del suelo al final de la primavera mediante, girocultores, binadores y gradas de discos o de púas) repetidas que deben sucederse a lo largo de los cuatro o cinco primeros años.

Conviene también eliminar los chupones y brotes inferiores del tallo todos los años con el fin de que los brotes de copa adquieran vigor y fortaleza. Para evitar los daños del ganado y poder defender las plantas se colocan alambradas en cada pie individual o mediante un vallado general que incluya toda la plantación. Para favorecer el desarrollo de raicillas, así como estimular el crecimiento, es recomendable la aplicación en la superficie del hoyo de fertilizante como el nitrato potásico (o nitrato sódico), en dosis de unos 25 g/árbol; también se puede abonar con estiércol como complemento, efectuando posteriormente un ligero riego para la correcta incorporación del fertilizante. Es aconsejable repetir dicha aplicación al cabo de unas cuatro semanas, así como en la primavera del siguiente año.

Para sostener una producción óptima de fruto es necesario fertilizar los castañares. Las cantidades de fertilizantes difieren según extraiga o no el agricultor los restos vegetales anuales del castaño (erizos, hojas, ramillas, etc.). Por lo tanto, las formulas de composición del fertilizante que conviene aplicar son diferentes, así como también dependiendo de las características del suelo. Como orientación exponemos la formula recomendada por Piccioli por hectárea de cultivo en Italia:

Superfosfato: 300 kg.
Sulfato cálcico (yeso): 100 kg.
Sulfato amónico: 200 kg.
Sulfato potásico: 150 kg.

Foto 41. Detalle de siembra intercalar de cereal entre castaños (Valencia de Alcántara, Cáceres).

Foto 42. Plantación con las labores culturales adecuadas y marco real de 10x10 m^2 (Aliste, provincia de Zamora).

Dada la acidez general de los suelos españoles, se debe evitar el uso de sulfato amónico usando un fertilizante nitrogenado neutro o cálcico. Más adelante se tratará extensamente estos aspectos.

Si la economía permite la utilización de abono orgánico puede aplicarse estiércol en cantidades de unos 10 kg/m^2 cada tres o cuatro años en toda la extensión durante las épocas de otoño e invierno, mediante una labor superficial del suelo.

3.4.1.4. Riegos

En las zonas en las cuales la pluviosidad es abundante no se riegan los castañares ya que los suelos disponen de suficiente frescura (zona Norte y Noroeste de España). Sin embargo, la influencia de los riegos es muy beneficiosa para la fructificación en las zonas más cálidas del Mediterráneo, dando lugar a cosechas más regulares y abundantes. En las zonas de clima continental (zona centro de España) tampoco se riegan los sotos de castaños, siendo excepción los riegos que se realizaban en Lanjarón (provincia de Granada) según exponía ELORRIETA.

3.4.1.5. Podas

Aunque el castaño adquiere una amplia copa esférica, tan característica cuando se cría aislado y no precisa de poda intensa como otros frutales, sí será necesario realizar podas suaves que eliminen ramas y ramillas muy bajas, puntisecas y muertas, así como la eliminación de alguna rama principal gruesa para la mejor conformación del árbol (foto 43).

Asímismo es recomendable la limpia anual de los vástagos que aparezcan al pie de los troncos, así como los chupones que aparecen alrededor de los anillos de los injertos.

Debemos puntualizar también la ejecución de podas fitosanitarias tendentes a la eliminación de las ramas y ramillas afectadas por enfermedades y, por lo tanto, al saneamiento del árbol. Esta operación debe realizarse adecuadamente de forma que los restos vegetales obtenidos se destruyan mediante el fuego, así como tener la precaución de desinfectar adecuadamente los utensilios de corte para evitar la propagación de la enfermedad.

Las podas fitosanitarias más normales realizadas en España son las referidas al «chancro» del castaño, aunque lo expuesto es válido contra otras enfermedades criptogámicas de tejido leñoso. Desgraciadamente estas labores tan importantes para mantener en buen estado sanitario y de producción se han abandonado en muchas zonas de España. Ejemplos de este de-

Foto 43. Poda tradicional en castañares de El Bierzo (León).

Foto 44. Poda en Monte Amiata (talia).

Foto 45. Cicatrización de las heridas de una poda. (Escurial de la Sierra, provincia de Salamanca).

Foto 46. Castaño centenario en Escurial de la Sierra (provincia de Salamanca).

terioro lo tenemos en los castañares de El Bierzo, Peña de Francia y Norte de la provincia de Cáceres (fotos 44, 45 y 46).

3.4.1.6. El injerto

Para obtener un castañar de fruto de calidad, desde la antigüedad, se ha recurrido al injerto con material vegetal procedente de árboles seleccionados por su buen fruto, ya que los castañares silvestres no producen castañas apreciadas por su sabor, tamaño, textura, etc.

Podemos decir, como norma general, que para conseguir en el castaño una buena y precoz fructificación, de excelentes condiciones bromatológicas y tamaño regular, con amplia demanda en el mercado, se necesita realizar el injerto con las variedades adecuadas para tales fines y, además, sean lo más armónicas posibles con la estación y las características del patrón.

La técnica del injerto es muy antigua; HIPOCRATES (460-377 a. C.) ya hablaba de los injertos de escudete. El injerto, es decir, la fusión de dos entidades genéticas distintas en una sola, sigue causando gran asombro, al cual ni tan siquiera puede sustraerse el especialista que realiza este trabajo rutinariamente. El injerto puede considerarse una habilidad manual que prácticamente todo el mundo puede aprender. Los distintos sistemas de injerto se han utilizado en los castañares (actualmente también en viveros) para injertar árboles nacidos de semilla. En el pie o patrón se insertan brotes, yemas o ramitas (púas o injertos) de una variedad cultivada de calidad superior (variedad noble) y el árbol comienza a dar frutos (castañas) de esta nueva calidad injertada (árbol injertado). El injerto es un tipo de reproducción asexual utilizado ampliamente en el campo de los árboles frutales, ya que las variedades de interés sólo en contadas ocasiones pueden reproducirse a través de semillas. El injerto permite al técnico investigar la potencia genética de una variedad en relación a distintos patrones.

Características del injerto. El injerto consiste fundamentalmente, en dos partes: el patrón con raíz, y el injerto, esto es, la variedad formada por una yema o un brote con varias yemas (una ramita llamada púa) que se implantarán sobre el portainjerto por encima del suelo. La nueva combinación que surgirá de esta unión sólo se considerará lograda si la nueva asociación es capaz de funcionar de una forma fisiológica conjunta y duradera. Para ello deben cumplirse ciertas premisas como son las afinidades necesarias patrón/injerto y la no existencia de incompatibilidades. En el injerto del castaño todos estos problemas están perfectamente resueltos, basados en experiencias realizadas en muchos lugares y a lo largo de mucho tiempo (Foto 47).

Actualmente se considera como automático el éxito de casi todos los injertos, si se cumplen ciertas condiciones previas como, por ejemplo, que se realice una buena operación manual; entonces estas uniones tienen un porcentaje muy elevado de éxito. Sólo se obtienen resultados negativos bajo la influencia de condiciones climáticas extremas o por la acción nociva de determinados agentes patógenos. Además, es necesario para el agarre del injerto la aplicación perfecta de las superficies cortadas (la del patrón y la del injerto) de forma que ajusten y coincidan en lo posible los tejidos homólogos, fundamentalmente el cambium, evitando el aire y sobre todo el agua. Esto se consigue con una buena atadura y una capa protectora del injerto.

El momento mejor para realizar los injertos corresponde con el inicio de la actividad de la savia. La obtención de púas y yemas de injerto debe ser la adecuada. Se aconseja que éstas procedan de vástagos o varetas de árboles sin problemas fitosanitarios, frondosos, de excelente fructificación y calidad, y de edad media (ni muy jóvenes, ni muy viejos). Los injertos procedentes de árboles jóvenes tardarán en dar fruto, y los procedentes de árboles adultos darán ya fruto desde el segundo o tercer año del injerto (fotos 48 y 49).

Utensilios y herramientas para el injerto. Los instrumentos utilizados para injertar son los siguientes: las sierras, el podón (menos frecuente), las navajas de injertar y las tijeras de podar. A veces también se necesita un mazo de madera dura cuando se tienen hendiduras en patrones gruesos.

Las sierras sirven para aclarar las copas antes de la poda previa al injerto, para esta misma poda, así como para cortar los extremos de las ramas antes de los injertos. Las sierras más usadas son las de arco con una palanca tensora para poder cambiar la hoja dentada. Los dientes tienen que estar bien afilados y lo suficientemente juntos. Algunas sierras cuentan con hojas de acero sueco y sierras tipo diente de lobo, alcanzando mayores rendimientos. El podón se utiliza para abrir los patrones gruesos, siendo la hoja bastante recia y fuerte.

De las navajas de injertar empezaremos diciendo que se han desarrollado modelos especiales para los distintos sístemas de injerto, distinguiéndose entre sí por la forma de la hoja. Gracias a estos cuchillos es posible realizar cortes en ambas partes a injertar, de forma que asegura una fusión lo más perfecta posible. Estos cuchillos disponen de hojas de acero de muy buena calidad que permiten realizar cortes muy limpios y mantener en buen estado el filo de la hoja. Hay que limpiar tanto la hoja como el mango después de cada aplicación. En los trabajos con los patrones, sobre todo en los injertos sobre árboles ya establecidos, es necesario disponer de unas tijeras de podar. También sirven para cortar las ramitas de las cuales se extraerán las púas. En el mercado existen diversos modelos: de un solo filo, de uno y medio y de doble filo.

Materiales para atar. El tejido de unión de las yemas, brotes y púas de injerto deben apretarse contra el cambium del patrón una vez realizado el injerto, para que tenga lugar una buena fusión entre ambas partes. Por ello,

Foto 47. Detalle de soldadura entre el patrón y dos vástagos injertados (Toscana, Italia).

Foto 48. Detalle de las soldaduras de los injertos en las zonas basales de los patrones. Monte Amiata (Toscana, Italia).

todos los tipos de injerto requieren un atado posterior. Para que el material de atar pueda resistir durante un cierto tiempo las inclemencias atmosféricas debe cumplir ciertos requisitos. Tradicionalmente se han utilizado la hilaza de lana, la hilaza de algodón, las cuerdas de cáñamo o esparto, etc. Posteriormente apareció la cinta de rafia, material muy útil y versátil, de gran resistencia y elasticidad. En el comercio han aparecido rafias de muy diversas calidades. Según el tipo de injerto será aconsejable utilizar bandas de esparto de diferente longitud y anchura.

Frente a estos materiales tradicionales están surgiendo como una competencia importante otros materiales plásticos. Así, el esparto sintético, aunque sea menos elástico que el natural, está siendo utilizado ampliamente en el campo de la fruticultura. En algunos tipos de injerto se utilizan un sistema rápido mediante grapas.

Materiales para el sellado de heridas. La zona o parte donde se ha realizado el injerto es necesario resguardarla y protegerla durante algún tiempo, cubriendo las heridas cuidadosamente con una pasta especial diseñada para este fin. Esta capa protectora ayuda a mantener alejadas del lugar del injerto todas las influencias externas. La pasta debe tener una consistencia espesa y viscosa durante el mayor tiempo posible, que se adhiera bien al patrón, y no se rompa bajo los cambios de temperatura o al crecer el árbol. El material que mejor cumple estos requisitos es la cera vegetal, o bien pro-

Foto 49. Injertos en La Toscana (Italia).

ductos sintéticos similares a la cera. Las ceras para injerto deben utilizarse de dos formas diferentes: cera vegetal de aplicación en frío y cera vegetal caliente (su preparación es molesta y el consumo muy elevado). En cuanto a las partes selladoras de origen sintético que se han venido utilizando en los últimos años parece ser que están en entredicho, y se vuelven a utilizar las ceras vegetales.

Tipos y métodos de injertos. Las clases principales de injerto en el castaño son dos:

1. De púa: injerto de cachado y de corona.
2. De yema: injerto de canutillo.

Injerto de cachado: Consiste en introducir un trozo de vástago o ramilla con yemas en el patrón previamente desmochado alisando e igualando el corte para formar la mesilla en la cual se realiza la hendidura abierta lo necesario para que se pueda colocar la púa adecuadamente. Este método ofrece grandes ventajas por la facilidad de su ejecución realizándose generalmente en árboles frondosos y de cierta edad como el castaño, siendo los injertos más duraderos y fértiles.

La época del injerto de cachado corresponde al tiempo de brotar las yemas, cuando comienza a moverse la savia, desde finales de Febrero a mediados de Marzo.

Las púas de este injerto se obtienen de los vástagos de madera del año anterior seleccionando las ramillas que tengan la corteza lisa y reluciente, las yemas abultadas y su madera bien formada. Estas púas se preparan comenzando por la parte inferior (dos o tres cm) que es la que se introduce en la hendidura del patrón; para ello, con la navaja de injertar, se la corta en bisel formando una cuña que conserve la corteza sobre el dorso afilando el extremo inferior. En las púas se dejan normalmente dos o tres yemas. Además se despunta la parte superior de la púa.

En la preparación del patrón elegiremos la mejor cara del tronco o rama, corteza lisa, sana, lustrosa y sin heridas, serrándola horizontalmente y terminando el corte a navaja para evitar que se lastime la corteza. Posteriormente se obtiene la abertura, siendo las radiales que parten del centro las que cierran mejor y menos perjudiciales. Seguidamente se coloca la púa introduciéndola perpendicularrmente por la parte superior de la mesilla de forma que entre apretada y se obtenga el ajuste perfecto de las zonas de cambium del patrón injerto. Finalmente sujetaremos la púa y la hendidura del patrón mediante una ligadura, apretando con fuerza.

Injerto de corona: consiste en introducir una o más púas entre la corteza y la madera, alrededor de la parte superior de la mesilla del patrón. Se utiliza en los patrones gruesos. En los injertos simples de corona se practica un corte recto en la púa de la variedad noble, de una longitud equivalente a la efectuada en la corteza del patrón. Independientemente del diámetro de la rama fructífera, el brote de la variedad noble debe colocarse siempre en la parte superior. Cuando el cuchillo ha cortado la corteza se tratará de separar ésta de la madera (a la derecha y a la izquierda) con ayuda de la hoja del cuchillo. La corteza se separa con facilidad cuando los árboles están llenos de savia, en abril-mayo. La introducción de la púa debe encontrarse con una cierta resistencia por parte de las solapas de corteza previamente levantadas.

El corte oblicuo en la púa de la variedad a injertar sólo debe introducirse a una profundidad tal, que sobresalga una media luna cortada por encima de la corona. En estos injertos de corona pueden usarse púas con 5-6 yemas. La corona injertada se ata con cinta de rafia. Por último se procede a cubrir bien las heridas (foto 50).

Injerto de canutillo: El injerto de yema consiste en un trocito de corteza con yema que se introduce entre la albura y la corteza del patrón. Es el más utilizado en los castaños. Se utilizan en los castañares de fruto en toda la zona de Peña de Francia, Ladera de Pico Cervero, Escurial de la Sierra, Miranda del Castañar, La Quilama, etc., con unos espléndidos resultados; bien es cierto que para conseguir estos éxitos exige la mano diestra de un buen operario. Y hace años en aquellas tierras existían. Se ha utilizado tradicionalmente en la Sierra salmantina.

Para su realización, se separa un cilindro hueco de corteza (canutillo) con su yema correspondiente de una de las ramillas del árbol que se quiere injertar (ramilla noble), para colocarlo posteriormente bien ajustado sobre un vástago del patrón, de igual diámetro que el descortezado previamente. Esta operación se efectúa en primavera, cuando los castaños están en plena savia. Los patrones adecuados son aquellos delgados, sanos, de corteza limpia y nueva. Los árboles grandes se desmochan y al año siguiente se colocan los injertos sobre los brotes que han producido. En las árboles pequeños se recepan el año anterior, injertando sus rebrotes mejores. Los canutillos se obtienen de los brotes del año y, a veces, también de dos. Al menos tienen que poseer una yema fértil, aunque se aconseja que tengan dos; además conviene no sacarlos de sus varetas hasta el momento en que se vayan a colocar.

La colocación final del injerto es otra operación que debe hacerse con enorme cuidado y máxima precisión. Primero se hacen en la corteza del patrón tres o cuatro incisiones longitudinales de longitud aproximada al canutillo y después se despegan estas tiras corticales. Inmediatamente después se introduce la base del canutillo por el extremo final descortezado del patrón, bajándola suavemente hasta que éste se encuentre bien ajustado. Finalmente se corta la parte superior del patrón que sobresale del injerto, y este se sujeta con alguna ligadura. Estas ligaduras se aflojarán y cortarán cuando comiencen a brotar las yemas y adquieran desarrollo (fotos 51, 52 y 53).

Foto 50. Injerto en corona (Toscana, Italia).

Foto 51. Injertos de castaños jóvenes en vivero (Toscana, Italia).

Foto 52. Injertos en castaños jóvenes en vivero (Toscana, Italia).

Fotos 53. Castaño bien injertado (Toscana, Italia).

3.4.2. Repoblaciones

Los métodos de repoblación empleados para el castaño pueden ser por siembra o por plantación, previa preparación del terreno.

Se debe preparar inicialmente el terreno mediante el desbroce adecuado de la vegetación existente con el fin de que en los primeros años de vida el arbolito no se ahogue por la maleza que normalmente existe en abundancia en lugares potencialmente aptos para el castaño (jaras, brezos, aulagas, retamas y tomillos, entre otras).

El desbroce del terreno se realiza mediante desbrozadoras, bien de cadenas o de martillos, acopladas al tripuntal de un tractor y movidas por la toma de fuerza de éste.

Actualmente en la totalidad de las hectáreas realizadas en los últimos años en España la elección del método de repoblación prácticamente ha sido el método de plantación, ya que elimina todas las desventajas que la siembra conlleva (falta de germinación de las semillas, deterioro de éstas por enfermedades y plagas, y desaparición de dichas semillas por distintos animales).

3.4.2.1. Siembra

Después del desbroce hay que realizar un laboreo completo del monte, mediante un pase de cultivador, arado o grada de discos o púas, siempre que la pendiente lo permita. Posteriormente se pasa una fresadora o rotabator para mullir y esponjar el suelo sobre el cual depositaremos la semilla.

La siembra propiamente dicha se puede realizar manual o mecánicamente, habiéndose utilizado únicamente en España la primera para el castaño. Se realiza mediante una azadilla, sembrando dos o tres castañas por golpe, distanciadas entre sí 50 cm aproximadamente y, entre líneas, un metro; esta densidad, que puede parecer excesiva, se compensa con las enormes pérdidas que sufren las castañas antes de germinar.

Las castañas sembradas han sido previamente seleccionadas igual que para la obtención de plantas en vivero. La siembra puede realizarse en otoño o principios de primavera. En otoño la semilla debe enterrarse de 4 a 5 cm de profundidad, y en las siembras de Marzo solamente se cubren las castañas con 2 o 3 cm de tierra. En esta última época de siembra se aminoran mucho las pérdidas de semillas, ya que los brinzales aparecen a los 30 o 40 días. En estas siembras, si los daños producidos por roedores y aves junto a otras posibles pérdidas naturales no superan el 50%, se las considera como buenas. De todas formas, es muy posible que sea preciso recurrir a la reposición de marras con el fin de completar la siembra inicial.

Fotos 54 y 55. Monte reforestado con castaño (Sanabria, provincia de Zamora).

Por lo general este método suele presentar amplios espacios vacíos de plantas en el monte, junto a otros de gran densidad, de forma que es necesario intervenir para rellenar dichos claros. Esta reposición conviene realizarla lo más temprano posible, normalmente a principios de otoño con la llegada de las lluvias, aprovechando las plantitas que se obtienen de las zonas de mayor densidad de la repoblación. Si por alguna causa no se dispone de este número de plantas, se volvería a resembrar las partes del monte con mayores fallos.

En Cataluña, el sistema de siembra tradicional en laderas de fuerte pendiente ha sido mediante fajas labradas contínuas o quebradas. En estas fajas la siembra se hace con mayor densidad que en el caso anterior, enterrando tres castañas cada 25 cm, dispuestas de forma que una se ubique en el centro y las otras dos en los laterales. Las labores posteriores que se realizan en los primeros años son las binas y escardas (eliminacion de las hierbas y matorrales que hacen la competencia a la nueva plantación) rozando los bordes exteriores de las bandas de plantación.

3.4.2.2. Plantación

Antes de la plantación de asiento definitivo será necesario disponer adecuadamente el suelo mediante los siguientes métodos más empleados en España para esta especie:

1. Subsolado lineal y cruzado, bien a nivel o en máxima pendiente, empleado en montes con escasa pendiente o terrenos llanos.
2. Aterrazado con ahoyado mecanizado con *bulldozer* en montes con ligera y fuerte pendiente.
3. Ahoyado manual con la apertura de hoyos con dimensiones de $40 \times 40 \times 40$ cm^3 en terrenos con fuerte pendiente.
4. Ahoyado con retroexcavadora a un metro de profundidad en terrenos llanos o con pendientes inferiores al 10%.
5. Arado con desfonde a una profundidad de labor superior a 50 cm en terrenos con pendientes menores al 10%.
6. Fajas rozadas y subsoladas a nivel, con una separación entre ejes de 4,5 metros en pendientes del 10% al 30%.

La planta utilizada proveniente de vivero y previamente seleccionada será de una savia a raíz desnuda, con un tallo superior al metro para plantaciones destinadas a producción de madera, y de altura superior a dos metros y 3.5 cm de diámetro como mínimo en el cuello de la raíz para las destinadas a fruto. Se las coloca adecuadamente y con cepellón en los hoyos, líneas y puntos de intersección realizados con anterioridad.

Los marcos más recomendables son de 3.5×3.5 m^2 en plantaciones puras de castaño para madera, y 10×10 m^2 en plantaciones puras para producción de fruto. La apertura de los hoyos conviene ejecutarla con la antelación necesaria para que las tierras extraídas se meteoricen y oxigenen bien antes de la plantación. Se recomienda vigilar en extremo las operaciones de preparación y transporte de las plantas hasta la colocación en el hoyo, ya que son fundamentales para el éxito de la repoblación. La época de plantación se realiza cuando la planta está en parada vegetativa, desde principios de otoño hasta finales de invierno, siempre que las condiciones climatológicas de lluvia y nieve lo permitan (fotos 54 y 55).

Podríamos indicar que es preferible la plantación de otoño en las áreas de castaño con clima continental para aprovechar las lluvias otoñales; en el Sur y en terrenos cálidos es aconsejable a principios de primavera, aunque también puede ejecutarse dicha operación en pleno invierno desde el punto de vista de la organización del trabajo.

En la Cornisa Cantábrica, Litoral Catalán y Galicia, el momento ideal de plantación sería el inicio del otoño o inicio de primavera, épocas en las cuales se salvarían las dificultades existentes en el terreno por lluvia, nieve, barro, dificultades en el acceso al terreno de plantación, etc, que las condiciones metereológicas adversas imponen en pleno invierno. Plantar en primavera presupone la existencia de una humedad regular en los suelos, así como una temperatura templada propia de la zona, factores que contribuyen al mejor arraigamiento de la planta.

La extracción y preparación de la planta, el modo de realizar la plantación y los cuidados en ésta son similares a los expuestos en el capítulo correspondiente a los sotos de castaño para fruto. Sin embargo, podemos añadir ciertas consideraciones como, por ejemplo, uno de los cuidados que han significado un gran avance en la protección de las plantitas de castaño ha sido la utilización de tubos huecos protectores, de diámetro y altura variables, que se colocan en el mismo momento de la repoblación, rodeando a la planta en zonas donde la superposición de factores edáficos y climáticos adversos haga aconsejable su uso, así como en lugares donde la ganadería doméstica y fauna salvaje puedan ocasionar problemas a la repoblación. De esta forma, dichos tubos, biodegradables con el tiempo, protegen a las plántulas de los daños que pueden causar diversos animales (conejos, corzos, ciervos, cabras y ovejas), así como protegerles de las heladas y vientos, creando en general un microclima en su interior a modo de invernadero muy positivo para los castaños en sus primeras edades de plantación. Un ejemplo del buen funcionamiento de este sistema lo tenemos en la Sierra de la Culebra (provincia de Zamora), destacando aquellos castaños que lo tienen y que han sufrido unos crecimientos muy superiores de aquellos en los cuales no se ha utilizado dicho sistema. Sin embargo, hay que ser precavido en su utilización, ya que en zonas muy calurosas y en la época estival puede producir en su interior temperaturas elevadas que perjudiquen a la planta.

3.5. Selvicultura del castaño

3.5.1. Monte Alto

Actualmente en España no existen prácticamente castañares maderables de Monte Alto, excepto en algunas zonas formando pequeños grupos o rodales unidos con variedades de fruto y, en otros casos, mezclados con otras especies tales como robles, alcornoques, pinos, hayas, etc.. También se les encuentra como pies aislados silvestres, además de las repoblaciones puras de castaño con densidades alrededor del centenar de árboles/ha que se están llevando a cabo en estos últimos años a raíz de la política de subvenciones.

Por causa de los métodos tradicionales de aprovechamiento seguidos en España no existen en nuestro país ningún monte de cierta extensión con tramos de regeneración natural. Toda selvicultura está en función de los objetivos de producción que se fijan. Como ejemplo de lo anteriormente expuesto podemos decir que hemos encontrado muestras de este tipo de monte en algunas zonas del País Vasco (Suroeste de Alava) y también en Cataluña.

Una situación que llama la atención es una forma de tratamiento particular cuyos objetivos persiguen la obtención de dos especies arbóreas principales como son el castaño y el pino marítimo (*P. pinaster*); se encuentra en la zona de Valencia de Alcántara (provincia de Cáceres). Se realiza la siguiente operación: se dejan una serie de castaños padre productores de fruto para regeneración natural por semilla entre una repoblación artificial mediante plantación de *P. pinaster* para madera de turno de 70 a 80 años; quedaría un Monte Medio ocupado por brinzales de *C. sativa*. Posteriormente se obtiene un castañar de Monte Alto con los árboles padre regeneradores de la masa y con los mejores brinzales de esta especie, después de una corta selectiva para mantener solamente aquellos árboles de mejor calidad con la densidad adecuada (foto 56).

3.5.1.1. Turno

Tradicionalmente en España los turnos en Monte Alto se encuentran situados entre los 70 y 90 años, períodos en los cuales alcanza la máxima producción media en producto maderable, obteniéndose diámetros normales de 50 a 70 cm. Un aumento en el número de años del turno de explotación, en general, no es aconsejable, ya que aunque los crecimientos en diámetro del tronco siguen siendo apreciables, la calidad de la madera puede disminuir debido a la sensibilidad en ahuecarse sus troncos por pudriciones fúngicas (foto 13).

3.5.1.2. Métodos de corta

Como en España apenas existen pequeños rodales de este método de beneficio, tampoco existe experiencia relativa a los métodos de corta; por lo tanto, sólo expondremos las recomendaciones ya dadas por el prestigioso LAGUNA (*sic*):

«*Aunque las afinidades del castaño con el haya sean mucho mayores que los que tiene con el roble, en lo que llamamos afinidades forestales sucede lo contrario y por lo tanto, en los castañares que quieran beneficiarse como Monte Alto maderable deben aplicarse las reglas observadas en los robledales con preferencia a la que en los hayedos se observa; mientras que en esto el objeto principal es conservar durantes bastantes años asombrados las hayas jóvenes, porque así lo exige su buen desarrollo, prolongando para ello todo lo posible las cortas parciales que proceden a la corta final, en los castañares debe, por el contrario, facilitarse el acceso de la luz a las plantitas, que la requieren desde sus primeros años, haciéndose con este fin bastante intensas las cortas diseminatorias y no retrasándose mucho la final. Al verificarse la corta diseminatoria por presentarse el año abundante de fruto, debe limpiarse el suelo cuanto sea posible de arbustos y malas hierbas que después dificultan bastante el nacimiento y desarrollo de los castaños*».

3.5.2. Monte Bajo o tallares

El método de beneficio de Monte Bajo es aquel que asegura la regeneración de la masa principal a través de los brotes de cepa o de raíz, siendo por tanto esta masa la que está formada por chirpiales. Los castaños con este método de beneficio deben cortarse en secciones practicadas en su base, limpias y sin desprendimiento de corteza de forma que las cepas se mantengan sanas y vigorosas durante mucho tiempo.

El recepe de los pies de castaño para la formación de este tipo de monte tradicionalmente se realizaba en pies jóvenes, mientras que en la actualidad, con el abandono de gran cantidad de sotos y, por tanto, con la necesidad de cambio del método de beneficio (Monte Alto a Monte Bajo) que afecta a amplias zonas nacionales, dicho recepe se efectúa en pies adultos. Cuando los suelos son fértiles y profundos, el castaño demuestra una vitalidad ina-

Foto 56. Regeneración natural de castaños en El Bierzo (provincia de León).

gotable de forma que, aunque las cepas de castaño con la edad se llegan a ahuecar debido a pudriciones internas, las bases de los renuevos forman una corona alrededor de la cepa de forma que permite seguir realizando el aprovechamiento inicial, retoñando con vigor sus bases seleccionadas.

En estas condiciones es posible prolongar prácticamente por tiempo ilimitado las buenas producciones de las explotaciones de Monte Bajo ya que, al desarrollarse con gran vigor los nuevos vástagos, la corona de la cepa cada año se extiende más, produciendo un desplazamiento de la corona ceparia inicial, extendiendo las raíces sobre los espacios libres del terreno o incluso entrelazándose sobre las raíces de otras cepas. Aunque el castaño se encuentre en un ambiente ideal, la vida del castaño también tiene un límite y los cortes sucesivos producen al cabo del tiempo un aspecto decadente de este Monte Bajo que, a veces, se observan en los castañares más antiguos. En estas situaciones, es necesario adoptar medidas con el fin de renovar la totalidad de las cepas por siembra o nueva plantación de brinzales.

Sin embargo, no sería necesario llegar a esta forma drástica de actuación si la renovación se adoptara paulatinamente de forma que en los huecos que vayan apareciendo en el monte sean rellenados por siembra o nueva plantación; se actuará de la misma forma en espacios próximos a las matas con signos de agotamiento o debilidad, de forma que la renovación de las cepas con los nuevos brinzales se realizen progresivamente. Estos brinzales se recepan coincidiendo con la corta del tranzón donde estén emplazados cuando su crecimiento adquiera el vigor suficiente para la buena formación de matas, que normalmente coincide con un diámetro de sus tallos entre 8 y 10 cm y 10 o 20 años de edad (foto 57 y 58).

3.5.2.1. Tratamientos selvícolas

Tradicionalmente en varias de las regiones españolas (Montes Bajos de Cataluña, Salamanca, Cáceres, etc.) existen tallares (Montes Bajos) dirigidos al aprovechamiento por las industrias de aros y duelas (tonelería y barriles), estando perfectamente delimitados los distintos tallares para estas explotaciones.

Así, en los años cincuenta, ELORRIETA indicó la importancia de su cultivo intensivo dentro de Cataluña en una extensión aproximada de 21.000 ha. Actualmente estos usos han quedado obsoletos referidos al empleo de madera de castaño, habiendo sido sustituida la elaboración de duelas por la madera de roble americano (importadas de EE. UU.) para la fabricación manual de toneles con destino a bodegas. Esta compleja fabricación de carrales tiene en el pueblo de Nava del Rey (provincia de Valladolid) uno de sus últimos ejemplos.

En los montes de pequeña extensión, cuando se alcanza el momento oportuno de su aprovechamiento, se practica la corta total de las cepas (corta a matarrasa). En los de gran superficie el monte se divide en tantas partes de igual extensión como años tiene el turno, cortándose cada año una de estas partes. Este procedimiento de división corresponde al de ordenación más sencillo, pudiéndose aplicar sin inconveniente en cualquier región española de castaños. Después de la corta a matarrasa en período de inactividad vegetativa, en turnos de 12 a 25 años dependiendo de la calidad del suelo, se dejan salir de la cepa todos los chirpiales que se formen para que, a los cinco o seis años, se seleccionen por corta los mejores hasta ese momento, eliminando los defectuosos para que posteriormente, y si es necesario, seleccionar los cuatro o cinco pies definitivos en otra clara. Estos cortes de dispersión y aclarado deben realizarse en período vegetativo, para poder apreciar mejor la selección de palos y evitar la aparición de renuevos.

En La Honfría (Linares de Riofrío, provincia de Salamanca) el número de vástagos iniciales después de la primera corta es de 10 a 12, seleccionándo después hasta quedar reducidos a la mitad en la corta final. El método tradicional de selección realizado en la Sierra de Gata es equivalente a dejar unos 5 pies por cepa. En cambio, en el monte de Las Médulas (El Bierzo, provincia de León), suelen dejar, después de que los pri-

Foto 57. Aspectos de Monte Bajo de castaño en el paraje denominado La Honfría (Linares de Riofrío, provincia de Salamanca).

Foto 58. Otro aspecto del mismo monte (La Honfría, Linares de Riofrío, provincia de Salamanca).

meros cuatro o cinco años rebroten todos los chirpiales que la cepa emita, mediante una drástica poda de dos a cuatro fustales sobre la cepa; de esta forma, la savia de la mata se aprovecha totalmente por los vástagos seleccionados cuyo crecimiento será más rápido, habiéndose cerrado la cubierta de sus cepas con anterioridad.

Obviamente, otros tratamientos selvícolas no suelen ser ya rentables económicamente. Se suele mantener una densidad de 1.200 a 1.500 cepas/ha, pero no hay que olvidar que de cada una pueden respetarse cuatro o cinco renuevos, por lo que suelen ser frecuentes densidades de 5.000 chirpiales/ha en Monte Bajo (fotos 59 y 60).

En turnos largos, no obstante, la densidad puede bajar a mil árboles/ha. Con frecuencia, en la tala definitiva del Monte Bajo, se dejan castaños sanos y dominantes (resalvos) en baja densidad (50 pies/ha) para proteger el suelo y favorecer la propagación y renovación del castañar, técnica que corrientemente puede verse en Italia (fotos 61 y 62).

3.5.2.2. Turno

En las comarcas donde se encuentra el castaño en su mejor ambiente natural se alcanzaban las mayores producciones por hectárea como sucedía en Cataluña; la explotación de los Montes Bajos para duelas de toneles fijaban turnos de 18 a 22 años, los mismos para tabla de *parquets* y estacas de vallado. Turnos cortos de 8 años suelen emplearse en cestería y los mayores de 25 años se destinaban para muebles.

En los Montes Bajos asturianos los períodos de aprovechamiento más extendidos eran de 18 a 22 años, elevándose hasta 30 o 40 cuando se utilizaba en maderas de galería.

En la Sierra de Béjar, Peña de Francia y Pico Cervero (provincia de Salamanca) se utilizaban períodos de corta de 30 años para vigas y viguetas para construcción. Actualmente en los aprovechamientos madereros en Monte Bajo de castaño, los turnos suelen estar comprendidos entre los 60 y 80 años. En los tramos cortados el pasado año en el monte ordenado de La Honfría fué de ochenta años, obteniéndose fustes de diversos diámetros, destacando algunos de más de 80 centímetros.

Se ha comprobado que el mantenimiento de turnos cortos limita la patología de los castañares, ya que se controla la propagación de hongos patógenos o sus vectores naturales. Como es conocido, turnos mayores de 80 años pueden dar problemas de agrietamiento y /o ahuecamiento del tronco (pudrición), con lo que se pierde valor maderable (fotos 12 y 13).

Foto 59. Brotes de cepa seleccionados. Monte Bajo tratado selvícolamente dejando de dos a cuatro chirpiales (Hervás, provincia de Cáceres).

Foto 60. Detalle de una cepa con cuatro brotes seleccionados en el cual se aprecia la parte coronaria (Hervás, provincia de Cáceres).

Foto 61. (J) Corta con resalvos (Umbría, Italia).

Foto 62. (J) Corta con resalvos (Toscana, Italia).

3.5.2.3. Producción maderera

La producción maderera depende de la fertilidad del suelo, de la situación del castañar, de los tratamientos selvícolas realizados y del turno de corta, variando en extremo estas cifras que van desde los 3 a 5 m^3/ha, año de posibilidad. En el tallar citado de La Honfría la producción fue de 185 m^3/ha, año.

GALLARDO y colaboradores han encontrado una producción cercana a 15 m^3/ha, año en un tallar de San Martín de Trevejo (Alta Extremadura), crecimiento medio anual muy alto.

3.5.3. Tratamientos selvícolas secundarios

Los aprovechamientos repetidos a corto plazo y la alta producción del Monte Bajo implican la conservación de la fertilidad del suelo, impidiendo el agotamiento del terreno. Además en el cultivo del castaño la calidad de los chirpiales es más importante que su cantidad, ya que sólo crecen con vigor un número determinado en cada mata (dominantes), siendo muy mediocre el desarrollo de los demás. Se ha comprobado que la eliminación de todos los brotes inútiles es muy beneficioso y que las claras (actuaciones tendentes a disminuir la competencia intraespecífica en los estados fustal y latizal) bien realizadas dan lugar a mayores crecimientos en alturas y diámetros, aumentando la producción y la calidad del aprovechamiento de la madera.

La realización programada de las claras es muy importante en los montes con turnos más elevados.

Normalmente es en la primera roza cuando seleccionamos en cada cepa de tres a cinco brotes que se dejan hasta el final del turno de explotación. El resto de los brotes cortados suele quedar extendido sobre el terreno, siendo aconsejable (disminuyéndose así el riesgo de incendios) su troceado con una trituradora o astilladora, incorporándose al suelo este material vegetal. Las siguientes cortas, que no son propiamente de aclareo, dado que sólo se ejecutan sobre los rebrotes que han nacido después de la corta anterior (respetando siempre los chirpiales elegidos) se realizan cada dos o tres años.

Las claras dependen del tipo de aprovechamiento y del turno; así, por ejemplo, cuando interesan piezas de dimensiones apreciables, las claras deben practicarse gradualmente en períodos sucesivos con rotaciones más largas, siendo los crecimientos más regulares y logrando una producción media anual del monte superior a la obtenida en turnos cortos. Ejemplos de este aprovechamiento lo tenemos en Hervás (provincia de Cáceres), La Honfría (provincia de Salamanca) y en diversos castañares de la provincia de Gerona.

En algunas regiones de España existen castañares que son tratados por cortas de entresaca por huroneo (apeo de pies según criterios físicos a lo largo de toda la masa).

No se disponen de tablas dasométricas donde se observe la influencia favorable que ejerce la práctica de las claras sobre los crecimientos diametrales y sobre el desarrollo en altura, aunque se aprecia visiblemente el efecto positivo que ejerce sobre el crecimiento en altura de los chirpiales seleccionados cuando se realizan las primeras rozas de los brotes de menor desarrollo. Dicho efecto favorable se acusa con más intensidad al segundo o tercer año después del primer aclareo (foto 63). Ya se ha citado que GALLARDO y colaboradores observaron incrementos medios de diámetro de 6 mm/año cuando el aclareo se llevó a 2500 pies/cepa, de 4 mm/año cuando se dejó en 5000 pies/cepa, siendo sólo de 3 mm/año en el tallar sin aclarar (9000 pies/cepa) de San Martín de Trevejo (provincia de Cáceres).

3.5.4. *Transformación de Monte Alto en Monte Bajo*

Debido al abandono del cultivo que se ha producido en los castañares de fruto en una amplia extensión de las diversas regiones de España (como parte del proceso de la emigración de la población rural hacia la ciudad e, incluso, hacia otros países europeos y americanos desde los años sesenta) han dado lugar al progresivo deterioro de estos sotos y, en algunos casos, a la práctica desaparición de ellos por la invasión de la maleza circundante.

Ejemplos concretos de esta situación la tenemos en los castañares de la Comarca de El Bierzo y Las Médulas (provincia de León), castañares de Navasfrías, Pico Cervero y Peña de Francia (provincia de Salamanca), Baños de Montemayor y Guadalupe (provincia de Cáceres), Valle del Baztán (Navarra), etc..

En estos sotos se observan claramente las distintas fases de su desplazamiento y desaparición por parte de la vegetación leñosa invasora. El debilitamiento progresivo de los pies debido a la falta de cuidados llega a su punto más álgido con la aparición y desarrollo de diversas enfermedades (más o menos graves) y plagas que producen la muerte progresiva de los castañares hasta su total desaparición. Este hecho real y de consecuencias fatales para la permanencia de amplias masas de castaños de fruto ha hecho concebir la posibilidad de transformarlos en castaños productores de madera mediante un cambio del método de beneficio. Este planteamiento que parece tan drástico hubiera sido impensable hace cincuenta años; sin embar-

Foto 63. Selección de brotes en Monte Bajo (Candelario, provincia de Salamanca).

go, actualmente, significaría la única posibilidad de pervivencia de estos árboles en diversas zonas castañeras de España.

Precisamente, con las ideas anteriormente expuestas, es como se ha operado en una amplia masa de castañares de fruto existentes en el Sistema Central español; se observan magníficos chirpiales obtenidos a partir de cepas madre procedentes de la roza de antiguos castaños de producción selecta de fruto, pudiéndose reconocer las pequeñas extensiones de los sotos de propiedad privada constituida por paredes de piedra medio derruidas. Esta transformación ha permitido la aparición de grandes tallares con fustes rectos y elevados, con turnos de aprovechamiento de 25 a 60 años con madera de buena calidad que están posibilitando la existencia de fábricas de aserrío para ebanistería, carpintería y muebles de gran importancia en Hervás (provincia de Cáceres).

Si esta transformación de Monte Alto a Monte Bajo del cultivo tradicional de los sotos de castaño a castañares para producción de madera no se hubiera realizado, el castaño hubiera desaparecido de amplias zonas sustituido por el roble, el pino o el matorral, como se puede observar en algunas zonas en las cuales no se ha realizado dicho cambio en la masa fundamental (La Bañeza, Las Hurdes, Comarca de Alcántara).

Hasta tal punto ha llegado el abandono de los castaños en algunas zonas como en El Bierzo (provincia de León) que muchos propietarios han

Foto 64. Ejemplo de transformación de Monte Alto a Monte Bajo. Detalle de las paredes de piedra que limitan las distintas parcelas de propiedad privada (Candelario, provincia de Salamanca).

Foto 65. Restos de un ejemplar de castaño muerto correspondiente a un antiguo soto de fruto entre el actual Monte Bajo (Candelario, provincia deSalamanca).

Foto 66. Aspecto actual en invierno de un castañar de Monte Bajo procedente de un antiguo soto (Candelario, provincia de Salamanca).

adoptado la posición de cambiar esta especie por otra de crecimiento rápido como es el *Pinus radiata*.

En las Comarcas de Aliste y Sanabria (provincia de Zamora), así, como en Tras-os-Montes y Alto Douro (Portugal) se repite la misma problemática. Sin embargo, aquí no se ha tomado esa decisión de cambio, observándose la tragedia de desaparición que se cierne sobre algunos municipios antes castañeros de gran calidad del fruto (como Trabazos, Villarino, Riomanzanas, Boya, etc.), antiguos suministradores de las variedades selectas más demandadas en el mercado comarcal y provincial (fotos 64, 65 y 66).

3.5.5. Montes mixtos

En España podemos decir que el castaño se le encuentra mezclado irregularmente con otras especies arbóreas en equilibrio biológico, pero sin formar montes mixtos selvícolamente tratados. Por ello nos vamos a referir concreta y exclusivamente a los aspectos que más llama la atención en España (fotos 67, 68 y 69).

Foto 67. Castaños en área de alcornoques y pastos (Valencia de Alcántara, provincia de Cáceres).

En Cantabria los castañares coexisten con robles, hayas, serbales, acebos, fresnos, avellanos y pinos, en montes cuyos aprovechamientos son cinegéticos y pascícolas.

En antiguos castañares de Asturias y Galicia, repoblados con pinos, se puede observar la aparición de brotes de castaños en el seno de dichas plantaciones, frecuentemente en claros provocados por la acción de la «tinta».

En Cataluña aparece el Monte Bajo de castaño mezclados con avellanos, encinas, pino piñonero, pino carrasco, alcornoques y robles.

En Castilla y León, y en concreto en la provincia de Zamora, se encuentran repoblaciones recientes de castaños, roble americano y pinos en la Sierra de la Culebra, implantándose los primeros en las porciones del monte más frescas y fértiles. En estas repoblaciones utilizan para el castaño y el roble americano el empleo del citado tubo protector («*tubex*»).

En el Sur español, y concretamente a las regiones de Extremadura y Andalucía, se puede distinguir: zona de Valencia de Alcántara, donde aparece el castaño mezclado con alcornoques y encinas y, en Guadalupe, con fresnos (provincia de Cáceres); con encinas, alcornoques y acebuches en la provincia de Huelva (Sierra de Aracena y zona de Jabugo, cuyos montes se aprovechan para el pastoreo del cerdo ibérico).

Foto 68. Castaños en áreas de encinas y pastos (Guadalupe, provincia de Cáceres).

Foto 69. Castaños y chopos en áreas de encinas, con tierras de labor y pastos (Aliste, Trabazos provincia de Zamora).

3.6. Aprovechamientos del castaño

3.6.1. Explotación maderera

En España la explotación mayoritaria del castaño en la actualidad es la maderera, aunque las estadísticas siguen señalando la predominancia del Monte Alto; así se señalaba que en 1980 existían potencialmente 9,92 millones de m^3 de madera de castaño, lo cual indica que existen alrededor de 78 m^3/ha de madera como media en los castañares españoles.

Como se ha citado, los suelos sobre los que se desarrollan los castañares dedicados a madera suelen ser más arenosos, pero no siempre, dado que algunos castañarejos de frutos se han asilvestrado y dedicado a la producción de madera, dejando algunas veces improntas de su antigua dedicación, como un mayor contenido en Fósforo. Así, GANDULLO y colaboradores han encontrado que los castañares de madera tienen a veces mayores contenidos de elementos asimilables (como se ha dicho, al ser más productivos, menos laboreados y con más contenidos orgánicos). Además, señalan que las mayores áreas basimétricas de los castañares (al menos en Extremadura) se ven favorecidas de acuerdo con los siguientes factores, en orden decreciente:

a) drenaje relativamente bajo (alrededor de 200 mm, lo que disminuye el lavado de bases y evita la excesiva acidificación del suelo, a la vez que no se desarrolla aún la escorrentía superficial).

b) baja o moderada pedregosidad (inferior a 25%, lo que permite una mayor humedad equivalente edáfica).

c) suelos con contenidos orgánicos alrededor del 3.5% (lo que mejora las propiedades físicas y fisicoquímicas del suelo, pero a su vez no existe una mineralización demasiado lenta).

d) bajos coeficientes de impermeabilidad debida al limo (es decir, exigen una buena permeabilidad).

e) contenidos de arcillas próximos a 12.5% (es decir, ni tan bajos como para tener malas propiedades físicas y fisicoquímicas, ni altos como para dedicarlos a otros cultivos u originar baja permeabilidad).

Asímismo, las mayores espesuras se encuentran ligadas a situaciones topográficas ni demasiados complejas, ni demasiado altas (la altura óptima del castaño en Extremadura suele estar hacia los 950 m s.n.m., por ser alturas, en topografías montañosas, asociadas a una buena pluviosidad, con temperaturas suaves, incluso cálidas en verano).

GALLARDO y colaboradores en un Monte Bajo de la Sierra de Béjar de unos 25 años de edad encontraron una biomasa total de 121.6 tm/ha , que se repartieron en 104.7 de troncos, 11.8 de ramas y 2.9 tm/ha de hojas, aparte de otras 2,1 tm/ha de ramas muertas. Suponiendo las anteriores densidades, ello equivale a 114 m^3/ha de madera (sin contar otros 13 m^3/ha debido a ramas, dado que estas son delgadas en talares, dada la alta densidad de palos). La producción anual estimada fué de unos 11 m^3/ha, año, o sea, alrededor de 10 tm/ha, año de madera.

Un buen rendimiento medio anual de madera (duelas) en Monte Bajo proporciona de 10 a 12 m^3/ha, año en turnos de unos 20 años; medio puede considerarse entre 4 y 7 m^3/ha, año; y bajo entre 2 y 3 m^3/ha, año. Una alta producción sería obtener 50 m^3/ha tras un turno de 22 años. En España el crecimiento medio anual, según las estadísticas (1980), es de 4 m^3/ha.

En Monte Alto no conviene superar de 80 a 100 años el turno, por la tendencia a la pudrición de tronco (los fustes suelen tener entonces de 50 a 70 cm de diámetro, dependiendo del manejo y fertilidad del suelo) y a la acebolladura.

La existencia de madera en un Monte Alto de castaño es variable, y se conocen pocos datos de ella; es clásica la tabla dada por PICCIOLI y colaboradores, y que se resume a continuación:

Edad/Calidad	*Baja (m^3/ha)*	*Media (m^3/ha)*	*Alta (m^3/ha)*
30 años	50	75	90
60 años	150	200	300
90 años	250	350	450
120 años	300	450	600

Estos datos deben tomarse, obviamente, solamente como indicativos, en tanto no se construyan tablas más fiables de aplicación a España. Por tanto, el rendimiento medio anual rondan entre menos de 2 a 7 m^3/ha, año. Sin embargo, se observan en España valores de 10 m^3/ha, incluso superiores.

Las extracciones máximas anuales medias estimadas en España es de 1.5 m^3/ha, habiendo aumentado la extracción media nacional de 0.8 m^3/ha en los años 70, a 1.2 m^3/ha en los años 80; comparando con los datos anteriores se debe admitir que las extracciones efectuadas (o las producciones) son bajas.

La producción anual española del total de madera de castaño se estima en 0.15 hm^3/año. El crecimiento anual se estima en 0.50 hm^3/año (equivalente a una media nacional de 4 m^3/ha, lo cual debe calificarse la producción de mediana) para una existencia total estimada de unos 10 hm^3 de madera (que equivale a 80 m^3/ha de media nacional).

Se debe inferir que la extracción de madera de castaño es bastante más baja que sus posibilidades potenciales, probablemente por razones de índole económico.

Foto 70. Aprovechamiento en Monte Bajo con turnos de 90 años, La Honfría (Linares de Riofrío, provincia de Salamanca).

Así, la extracción de madera ha sufrido en España importantes variaciones, de acuerdo con el precio del mercado. En el presente Siglo hubo una alta demanda («autotarquía») en los años cincuenta, que aún puede considerarse buena en los años sesenta («desarrollo»), pero se hundió en los años setenta («liberización»); afortunadamente, en los últimos años de la década de los ochenta («consumismo») la demanda ha vuelto a recuperarse. En cifras, en los años 50 y 60 se extrajeron más de 0,1 hm^3/año de madera de castaño, bajando en los años 70 sólo 75.000 m^3/año. En los años 80 volvió a aumentar a 90.000 m^3/año, sobrepasándose de nuevo los 0.1 hm^3/ha en la presente década (foto 70).

3.6.1.1. Aplicaciones de la madera de castaño

Tradicionalmente se ha considerado la madera de castaño de buena calidad, a caballo entre el roble y el nogal, siendo susceptible de ser utilizada en múltiples aplicaciones. Se encuentra dentro de las maderas de dureza media, de color algo más oscura que el roble común; tiene como características importantes ser elástica, tenaz y, sobre todo, muy flexible de joven, que raja bien, de grano fino y fácil de trabajar, lo que permite elegirla como material de artesanía local en zonas típicas del castaño. Cuando se la seca adecuadamente conserva casi el mismo volumen sin hincharse ni contraerse y, prácticamente, no se curva (alabeo).

Por las características anteriormente citadas tuvo (y en algunos casos aún hoy tiene) una enorme aplicación para tonelería, ya que esta madera es bastante poco porosa.

En la elaboración artesana de cestas, cestos, sillas, sillones y otros utensilios diversos, se utilizan los vástagos de cepa. Un claro ejemplo de esta industria la tenemos en Baños de Montemayor (provincia de Cáceres).

Otras aplicaciones importantes tradicionales han sido para estacas en cercas y vallados, las cuales hoy en día se siguen empleando mucho en todo el Norte del país, vigas y viguetas en construcción por su resistencia y duración así como apeas en la minería del carbón (hoy en día en desuso, sustituidas por madera de eucalipto).

También se usa con preferencia a otras maderas en recintos húmedos, como bodegas y sótanos, ya que se conserva mucho tiempo sin alterarse. Asímismo, también con la madera de castaño de peor calidad se fabrican *palets*.

De todas formas la utilización de madera de castaño en ebanistería y carpintería fina está hoy día muy limitada, habiendo sido sustituida por otras maderas de especies exóticas importadas, aunque se siguen manteniendo pequeñas industrias del mueble como la de Hervás (provincia de Cáceres) (fotos 71, 72, 73, 74, 75 y 76).

3.6.1.2. Fertilización de los Montes Bajos (Tallares)

Hablar sobre la fertilización de los castañares de madera no tiene sentido, a no ser que los turnos sean relativamente cortos, y entonces convenga reponer al suelo de aquellos elementos que se pierden en mayor cantidad con la madera (Calcio y Potasio); el problema estriba en cómo dispersar el fertilizante sobre el suelo del bosque, por la alta densidad de arbolado; algo más fácil sería fertilizar superficialmente tras una tala a matarrasa. De todas formas, es la explotación misma la que debe indicar su conveniencia. Hay que tener en cuenta que, en estos bosques seminaturales, aunque la fijación biológica de Nitrógeno por los estratos herbáceo y arbustivo sea limitada por la escasez de luz y la acidez del suelo, es muy importante la presencia de micorrizas en la nutrición fosforada de los árboles.

GALLARDO y colaboradores realizaron una fertilización experimental con 100 kg/ha de Fósforo (P) en un talar de la Sierra de Gata, y encontraron que la producción de hojas anual no fue afectada (3.1 tm/ha), mientras que la composición de Fósforo de la hoja tan sólo aumentó de 23 mg/g a 24 mg/g (el equivalente a un incremento de absorción de Fósforo por los castaños de sólo 3 kg/ha); por tanto, se observa que a pesar de la acidez del suelo, no parece que

Foto 71. Tablas y tablillas de distinto tamaño de madera de castaño. (Hervás, provincia de Cáceres).

Foto 72. Tablón agrietado de castaño (Hervás, provincia de Cáceres).

Foto 73. ***Palets*** **de castaño (Hervás, provincia de Cáceres).**

Foto 74. Exposición de productos artesanos procedentes de castaño (Baños de Montemayor, provincia de Cáceres).

Foto 75. **Cestería artesanal con madera de castaño (Baños de Montemayor, provincia de Cáceres).**

Foto 76. **Muebles de castaño, algunos de ellos profundamente labrados (Hervás, provincia de Cáceres).**

el Fósforo sea un factor limitante, por las bajas cantidades puestas en circulación en el ciclo biogeoquímico (unos 11 kg/ha absorbidos anualmente por los castaños, de los cuales se retornan 8 kg/ha; en este sentido los 3 kg/ha citados sí serían significativos), o bien, dada la acidez del suelo sobre granito, el Fósforo añadido es inmediatamente adsorbido por la matriz inorgánica del suelo, sin llegar a originar efectos positivos sobre la nutrición fosforada del árbol.

No obstante, si se conoce la composición de la madera (y su humedad) y la biomasa de troncos por hectárea, se puede calcular cuántos bioelementos se exportan con la madera cortada. Algunos autores italianos citan que un castañar puede perder anualmente con la retirada de madera y castañas del orden de 15 kg/ha de Nitrógeno (N), 5 de Fósforo (P), 10 de Calcio (Ca) y 20 kg/ha de Potasio (K).

GALLARDO y colaboradores, en un castañar de 25 años de la Sierra de Gata, han calculado que en una tala se perderían 60 kg/ha de Nitrógeno, 30 de Fósforo, 120 de Calcio, 25 de Magnesio, 40 de Potasio, 40 de Sodio, 15 de Manganeso y 1 kg/ha de Hierro; obviamente, traducidas esas cifras a pérdidas medias por año (diviendo por 25) se da idea de las bajas cifras que suponen. Como se observa, lo que más se pierde es Calcio, seguido de Nitrógeno, Sodio y Potasio; detrás quedaría Fósforo, Magnesio y Mananeso, con cantidades muy modestas. Téngase en cuenta que en el suelo de ese mismo castañar las reservas de Nitrógeno total y Fósforo, Calcio y Potasio asimilables son 8.000, 110, 550 y 500 kg/ha, respectivamente, sólo teniendo en cuenta el horizonte húmico (A_h) superficial. No obstante, hay que tener en cuenta las consecuencias en turnos cortos y repetitivos.

3.6.2. *El fruto*

3.6.2.1. *Producción de castañas* (foto 77)

Los castañares de frutos tienen poca densidad, normalmente entre 80 y 150 árboles/ha, de acuerdo con la fertilidad del suelo y la pluviometría anual.

A veces, sobretodo en sotos jóvenes, se siembra entre árboles (patatas, centeno, forrajeras), pudiendo ser más útil para el castaño el empleo de leguminosas. Otras veces, cuando el castañerejo es ya viejo, se pastorea con ovejas, lo cual se recomienda en algunos países. Normalmente se hace con altas cargas ganaderas en corto tiempo (oscilando desde las 20 a las 100 ovejas/ha, durante medio mes en invierno con aprovechamiento de las castañas caídas, más otra semana en primavera, pastando la hierba en su máxima producción y digestibilidad). Hay que tener en cuenta que una oveja puede comer dos kilogramos de castañas al día, que equivalen a tres kilogramos de cebada.

La producción de castañas varía según el estado del castañar. Un castaño adulto puede producir fácilmente 20 kg de castañas anualmente, llegando a 40 kg los años favorables. Con suficiente edad y buen suelo se puede alcanzar los 80 kg/árbol. Sin embargo, se ha llegado a registrar producciones de 200 kg/árbol en años de climatografía favorable. La producción anual media puede, por tanto, oscilar desde unas 2 tm/ha, a menos de 0.5 tm/ha en ejemplares jóvenes o cuando el castañar se asilvestra. Datos procedentes de un castañar de fruto de Galicia indican que el rendimiento, con una densidad final de unos 250 árboles/ha, se duplicó desde 1.2 tm/ha a los 8 años de edad hasta las 2.4 tm/ha a los 16 años de edad. GALLARDO y colaboradores midieron en un tallar (procedente de un antiguo soto, en San Martín de Trevejo, Alta Extremadura) producciones de castañas oscilantes entre 50 y más de 250 kg/ha (según año); como se observa, el manejo del castañar tiene fuerte influencia en la producción de frutos, pero también la climatología.

En España una producción anual de 1 tm/ha se consideraba aceptable, pues en las estadísticas de los años 1950 se recogían 24 kg por árbol (se suponía existían algo menos de 5 millones de castaños de fruto), lo cual indica un discreto rendimiento. La media de árboles por hectárea era de 80 castaños, lo que origina un rendimiento medio de 1.9 tm/ha. Obviamente son datos estimativos, pues la mitad de los castaños españoles eran árboles diseminados o en pequeñas propiedades que eran muy cuidados y de altas producciones. En Galicia un soto bien manejado puede producir anualmente cerca de 3,5 tm/ha.

Las producciones anuales contabilizadas en España de 120.000 tm/año, de las cuales casi la mitad tenían origen asturiano, han pasado ya a la Historia; Lugo, Navarra, León y Guipúzcoa se acercaban a las 10.000 tm/año; detrás quedaban ya Avila, Cáceres, Granada, Huelva, Málaga y Orense producían sólo la mitad de ésta cantidad. En 1987 Galicia ya sólo produjo 16.000 tm/año.

En 1979 la producción española anual de castañas se estimaba ya en tan sólo 26.500 tm/año, exportándose el 80% de ésta y ocupando Francia el primer lugar en origen, con unas 20.000 tm/año. Hoy día se puede considerar este comercio como marginal dentro de la economía global española (aunque aún se mantiene con alguna significancia en el fronterizo Tras-os-Montes portugués). El precio del kilogramo de castañas en 1994 fue de unas 100 ptas.

España no se considera ya un país exportador de castañas, pero sí importador por una cantidad de 8.500 tm/año (1988), equivalente a un valor de nueve millones de ECUS. Estas cifras pueden hacer atractivas la posibilidad de considerar hoy día el castaño como elemento del llamado desarrollo sostenible o viable, si la instalación de variedades selectas y el pre-

Foto 77. Típico castaño productor de fruto (Aliste, provincia de Zamora).

Foto 78. Aprovechamiento de pastos y castañas residuales por ovejas (Cevennes, Francia).

cio de éstas fuera atractivo, teniendo en cuenta la competencia internacional. Por ello, los economistas consideran que la producción de castañas puede ser una actividad complementaria en comarcas de bajo desarrollo económico, y de ahí que se incremente el cultivo en países como en Turquía o Bolivia.

Actualmente, el 70% de la producción mundial de castaña se da en Asia (China y Corea), mientras que Turquía va tomando el relevo de Italia, España e, incluso, Portugal en Europa. En este país lusitano, ya no se alcanzan las 10.000 tm/año. La tendencia en Europa es apostar más por la calidad del fruto que por la cantidad (de ahí la demanda actual creciente de árboles de vivero injertados con variedades de calidad). Así, en Monterroso (Lugo), se congelan unas 2.000 tm/año de castañas «Longal», en su mayoría procedentes de Portugal.

Actualmente los mayores consumidores de castañas (o *marrones*) son Francia, Japón y EE. UU. Los norteamericanos realizan importaciones anuales de alrededor de 5.000 tm/año.

La producción del castaño, individualmente considerado, es enormemente diversa debido a múltiples circunstancias; unas del propio individuo y, otras, debidas a las condiciones diferentes en que se desarrolla. Además, si se refieren estas producciones por hectárea, a las diferencias indicadas habrá que añadir las relativas a los distintos marcos de plantación (10×8, 10×10, 12×8 m^2), así como a las diferentes clases de edad consideradas en dichas producciones.

De los datos obtenidos en diversos puntos castañeros de España referente a sotos de no gran extensión y bien cuidados, pueden obtenerse en años normales (ni muy buenos, ni muy malos) producciones de 500 a 2.000 kg/ha, año en castañares en plena producción. Sin embargo, podemos asegurar que actualmente estas producciones han bajado drásticamente, debido al abandono en que se encuentran gran cantidad de castañares antiguamente sometidos a todo tipo de cuidados como podas y limpias, desbroces, gradeos, abonados e, incluso en algunos casos, riegos, manteniéndolos libres de enfermedades y plagas.

Las enfermedades de la «tinta» y el «chancro» del castaño en algunas comarcas han contribuido al panorama actual tan desalentador existente en nuestro país.

España es el segundo país productor de castaña de la Unión Europea (U.E.), después de Italia que nos duplica (60.000 tm/año). Galicia es la región principal productora de castañas (así como de madera), constituyendo el octavo cultivo en importancia económica. La mayor parte de la industria de la castaña está ubicada en Galicia (Orense), y en El Bierzo (Castilla y León).

3.6.2.2. Fertilización de los castañares de fruto

GANDULLO y colaboradores encontaron que (al menos en Extremadura) los suelos de los castañares de frutos son más equilibrados físicamente (francos) que los madereros (más arenosos), lo que es un reflejo de que se han buscado las tierras mejores y con más alta humedad equivalente edáfica. También observaron que los sotos suelen poseer valores más bajos de Fósforo (P) y Potasio (K) en formas asimilables que los talares, dado el distinto manejo, la insuficiente fertilización de los castañares de fruto y a la mayor producción de hojarasca de los madereros, por los que el ciclo biogeoquímico se muestra en este caso más eficaz (téngase en cuenta la labranza y la baja densidad de árboles en los castañares de fruto). En cuanto a la materia orgánica no parecen existir diferencias significativas entre sotos y talares, puesto que los abonados orgánicos (en general, estiércol fresco) que sufren con frecuencia los castañares de frutos dan como consecuencia un mayor contenido de Carbono orgánico en éstos, pero suele ser más frecuentes un más alto contenido orgánico en los talares.

Conociendo la cantidad de castañas que se recogen cada año y su composición química, se puede conocer qué cantidad de bioelementos se necesitan restituir, como mínimo, cada año (hay que tener en cuenta también las necesidades del crecimiento del árbol). Así, GALLARDO y colaboradores han obtenido los siguientes resultados de cantidad de elementos sustraídos al retirar las castañas en castañares de la Sierra de Béjar y la Sierra de Gata (con una producción de 700 y 130 kg/ha de castañas, respectivamente):

Bioelementos (kg/ha, año)	*Sierra de Béjar*	*Sierra de Gata*
Carbono	285	62
Nitrógeno	9	1.7
Fósforo	0.7	0.2
Calcio	0.6	0.2
Magnesio	0.7	0.2
Potasio	3.7	1.2
Sodio	0.1	0.05
Manganeso	0.001	0.02
Hierro	0.005	0.005
Cobre	0.01	0.001
Zinc	0.03	0.002

Es obvio que a medida que la producción de castañas aumenta, también aumenta la cantidad de bioelementos sustraídos en proporción directa; de ahí que se observen acusadas diferencias en la tabla. Así, se ha citado que en un castañarejo con mediana producción de castañas cada año (*v.g.*: 1 tm/ha, año) se retiran con éstas 15 kg/ha, año de N, 5 de P, 9 de Ca y 18 kg/ha, año de K, lo cual hay que reponer con la fertilización, como mínimo.

Para los castañares de fruto se recomienda que el suelo no baje de 60 tm/ha (un 2%) su contenido en materia orgánica en los suelos; en caso contrario, conviene abonar sucesivos años con 20 a 40 tm/ha de estiércol o *compost* (según la disponibilidad y el precio del abono orgánico; si fuera caro, al menos se debería intentar añadir 10 tm algunos años), enterrándolo muy superficialmente (15 cm); conviene separar netamente este abonado de un posible encalado, con objeto de no provocar pérdidas amoniacales. Otra forma, cuando los castaños están muy separados y son jóvenes, es colocar alrededor de cada árbol de 5 a 10 kg/m^2 de estiércol, si se dispone de una fuente económicamente asequible de éste.

Por otra parte, se recomienda separar el fertilizante fosfatado del nítrico-potásico, es decir, evitar los fertilizantes triples de tipo «*NPK*»; en este sentido, se recomienda el empleo de escorias fosfóricas con labores profundas (30 cm), con objeto de proveer a las raíces de Fósforo (P) y de Calcio (Ca); la dosis recomendada en suelos ácidos puede ser tan alta como de 110 kg/ha de Fósforo inicialmente, que puede reabajarse hasta 25 kg/ha los siguientes años de acuerdo con los resultados de los análisis de Fósforo asimilable en el suelo; si tras varios años, estos análisis lo indicaran, puede dejarse de fertilizar con Fósforo algunos años alternativos, sobre todo si se ha corregido la acidez del suelo (encalado).

El Nitrógeno (N) y el Potasio (K) pueden fertilizarse conjuntamente, poco a poco (sobretodo en terrenos arenosos), y de manera superficial (10 cm). Se recomiendan anualmente (repartidas en diversas dosis) de 100 a 250 kg/ha de Potasio (según el suelo sea más arcilloso o arenoso, respectivamente) y 100 kg/ha de Nitrógeno (si es posible en forma amoniacal en su mayoría, para evitar pérdidas nítricas pero controlando el pH en suelos netamente ácidos (pH 5.5 o inferiores).

Si la acidez del suelo es fuerte (pH inferior a 5.0) debe encalarse, sobetodo si no se añaden escorias fosfóricas; se recomiendan aportes de 1 a 3 tm/ha de calizas molidas (o de 2 a 5 tm/ha si fueran escorias básicas), dependiendo de la acidez del suelo, de la composición de las calizas y del precio de éstas; este encalado puede proporcionar indirectamente Magnesio (en el caso de escorias, también de Fósforo) al suelo. Es preferible ir encalando con dosis bajas y seguir el proceso, que intentar hacer un único y fuerte encalado.

PICCIOLI y colaboradores recomendaban para Italia 300 kg/ha de superfosfato, 200 kg/ha de sulfato amónico y 150 kg/ha de sulfato potásico; no obstante, debe tenerse en cuenta que los suelos italianos son más neutros, por lo que en España deben evitarse fertilizantes que acidifiquen aún más el suelo (*v.g.*: sulfato amónico). Para árboles separados y jóvenes las cantidades a añadir pueden ser de unos 50 g de superfosfato, 30 g de sulfato potásico y 30 g de nitrato sódico o potásico; el uso de nitratos en lugar de sales amónicas tienen la ventaja de no acificar, pero la desventaja de lavarse del suelo más fácilmente, por lo que es mejor abonar con pequeñas dosis a lo largo del periodo vegetativo, cuando el suelo está aún húmedo. De todas maneras, puede recurrirse esporádicamente al encalado, controlando el pH edáfico, pero evitando hacer coincidir éste con la adición de fertilizantes nitrogenados.

LOUREIRO y colaboradores encontraron que en Portugal añaden de 0.5 a 2 kg (según riqueza del fertilizante y economías) de fertilizantes por árbol, sin tener en cuenta los análisis del suelo, utilizando muy pocos agricultores el superfosfato, y mucho los nitratos (alrededor de 500 kg/ha, con un contenido del 20% de Nitrógeno), por lo que deben existir pérdidas de éstos y, por el contrario, deficiencias de Fósforo y Potasio. Se da la paradoja que, a pesar que contribuyen con dicho manejo a acidificar el suelo, casi ningún agricultor encala. Más usado es el abonado orgánico, se supone que dependiendo de que el agricultor disponga (o no) de una fuente barata de estiércol. Son frecuentes los abonados con 10 tm/ha para mejorar las propiedades físicas de los suelos; abonados con 20 tm/ha ya son más raros. En Tras-os-Montes la densidad de los castañarejos de fruto suele ser la clásica de 80 a 100 castaños por hectárea.

Basado mejor en las necesidades, en experiencias realizadas por la Universidad de Vila Real (Portugal), se añaden a los castañarejos unos 250 kg/ha de fertilizantes tipo *NPK 7:14:14*; en otras palabras, se vienen a aportar anualmente unos 20 kg/ha de Nitrógeno (N), otros 15 kg de Fósforo (P) y unos 30 kg/ha de Potasio (K) que, bien suministrados durante la época vegetativa, serían suficientes y una buena práctica económica. Dicha fertilización permitió pasar de 0.60 a 1.18 tm/ha, año de castañas un año seco, y de 1.07 a 1.67 tm/ha, año un año normal de lluvias. Nótese, sin embargo, que la producción como se dijo es muy dependiente del año («vecería») y de la climatología. Paradógicamente, dicha fertilización no tuvo influencia sobre la producción de hojas, ni tampoco en la composición del porcentaje de nutrientes en hojas o frutos (salvo en alguna ocasión respecto al Nitrógeno).

PIRES y colaboradores también calcularon las pérdidas medias ocasionadas por las castañas recogidas en dos sotos con la cosecha:

Bioelementos	*Sin fertilizar*	*Fertilizado*
Nitrógeno (kg/ha)	8.9	11.4
Fósforo (kg/ha)	2.0	2.9
Calcio (kg/ha)	0.9	1.3
Magnesio (kg/ha)	0.7	0.9
Potasio (kg/ha)	8.7	13.9
Azufre (kg/ha)	1.0	1.5

Las cifras obtenidas en los castañares, sean o no fertilizados, son del mismo orden, y ajustadas para el Nitrógeno y Potasio; el Fósforo debe ser añadido en mayor abundancia, ya que en caso contrario es adsorbido casi irreversiblemente por la partículas inorgánicas del suelo, con lo que no llega a ser absorbido por las raíces del árbol; afortunadamente, las micorrizas realizan un papel inestimable en la nutrición fosforada. GALLARDO y colaboradores sólo encontraron una pequeña respuesta a una fuerte fertilización de Fósforo (100 kg P/ha) en un talar de San Martín de Trevejo (provincia de Cáceres) a causa de la adsorción del P por el Hierro y Aluminio libres del suelo.

3.6.2.3. *Recolección y conservación del fruto* (foto 79)

La castaña madura cae al abrirse el erizo prendido en el árbol, siendo las primeras castañas en caer las centrales. Estas castañas van cayendo del árbol paulatinamente y progresivamente a medida que van madurando. Antiguamente se utilizaba el vareo en muchos castañares para recoger prematuramente este fruto, a pesar de ser una práctica perjudicial para el castaño dado que provoca rotura de ramillas y ramas y, por tanto, siendo más receptivos de esta forma a la infección de determinadas micosis. La época de maduración varía ampliamente dependiendo de las estaciones y de las variedades de castaño. A las más tempranas se las denomina «Sanmigueleñas» y, a las más tardías, «Sanmartiniegas». Después de su recogida aquéllas se deben trasladar a una nave o almacén adecuados, donde se las extenderá por capas de poco grosor removiéndolas con frecuencia de forma que estén bien aireadas y vayan perdiendo la humedad excesiva con la que fueron recogidas.

Si no se tiene esta precaución y se las almacena en sacos o cestos, al cabo de algún tiempo aparecerán mohos y hongos diversos que las deterioran dando lugar a pudriciones destructivas, perdiendo el valor alimenticio de este fruto.

Para la obtención de la castaña pilonga es necesario secar y mondar la castaña, existiendo unas desecadoras de tipo industrial en las cuales se pueden regular las temperaturas y el aire caliente que entra en contacto con las castañas.

Actualmente, la calidad en la obtención de la castaña es el punto fundamental en el comercio de ella; de ahí que en algunas zonas hayan surgido iniciativas empresariales que potencien el desarrollo de esta actividad, así como el mejorar los procesos productivos mediante proyectos de denominación de origen. Tal es el caso de la castaña de El Bierzo (provincia de León) que pretenden inscribirla como «producto ecológico». En este caso se exigiría elimi-

Foto 79. Erizos aún cerrados, excepto uno que comienza su apertura.

nar la utilización de productos químicos en este cultivo, ya que el primer paso sería cumplir los requerimientos de la agricultura ecológica. Además, sería necesario adoptar, por parte de productores e industriales, normas rigurosas sobre producción, almacenamiento, conservación y envasado de los productos.

En 1995 surgió una iniciativa empresarial para potenciar el desarrollo del cultivo de la castaña en la provincia de León, proponiendo un proyecto para unificar las variedades, mejorar las calidades y pedir una denominación de calidad para la castaña de El Bierzo. En él, se aboga por la agrupación de los productores de castaña de El Bierzo en una asociación encargada de velar por el cumplimiento de las normas de la denominación y por la calidad del producto. También el Consejo Comarcal de El Bierzo ha expuesto un plan a la Unión Europea para la reordenación del sector. En este sentido es de interés cualquier iniciativa tendente a potenciar el cultivo de la castaña que contribuya al desarrollo de las comarcas de escasos recursos como suelen ser las situadas en zonas de montaña (fotos 80 y 81).

3.6.2.4. Variedades de fruto

En virtud de las exigencias tecnológicas de los nuevos mercados y a la diversificación de las utilizaciones, es urgente iniciar acciones que permitan obtener frutos de buena calidad en cuanto a la dimensión, monospermia y composición extructural y bioquímica. Todo esto implica que se haga la caracterización de las diversas variedades existentes, de modo que sea posible escoger las mejores, teniendo como meta el producto final pretendido.

El número de variedades cultivadas en Europa es muy elevado, si se atiende a su diferente nomenclatura. Sólo en Italia llegan casi al millar las distintas denominaciones de las variedades de fruto; así, en 1993 se realizó en Spoleto una importante exposición de 150 variedades seleccionadas de castañas italianas y otras 25 híbridas.

Según ELORRIETA (1959) el número de variedades y razas existentes en España debe ser también muy numerosas (como demuestra ya el alto número de las variedades gallegas obtenidas recientemente). Tradicionalmente, en las comarcas de castaña, distinguían el castaño silvestre (bravo o regoldo) de las restantes variedades de fruto de calidad. El regoldo o reboldano se caracteriza por tener una buena calidad de madera y dar un fruto de gran tamaño pero poco dulce, siendo aprovechado por la fauna silvestre o ganado de cerda en general.

En lo referente a las variedades de fruto, los agricultores españoles se han fijado en general para distinguirlas en las siguientes características:

— Maduración temprana, intermedia o tardía.
— Tamaño y color de la castaña.
— Sabor dulce en mayor o menor intensidad.
— Facilidad de pelarlas (tegumento más o menos adherente)
— Conservación (buena o mala).

Las variedades a estudiar deberán ser las tradicionales de cada región, ecológicamente mejor adaptadas y más ventajosas desde el punto de vista frutícola. Buenas variedades son: «Famosa», «Ventura» y «Longal».

Existen en todas las zonas o comarcas de producción de castaña y, más concretamente, se constatan en Galicia, Asturias y Castilla y León problemas de sinonimia que es necesario resolver, pues es corriente encontrar designaciones diferentes para una misma variedad, en localidades muy próximas, o bien que como variedades diferentes tomaron una misma designación en localidades distintas. Para la caracterización de variedades pueden utilizarse los análisis biométricos de hojas y frutos, o estudiando otros aspectos de carácter cualitativo relativo a diversos órganos de la planta, fisiológicos (como la actividad fotosintética), aspectos nutricionales o genéticos (isoenzimas). En España sólo se han realizado algunos estudios y clasificación de los distintas variedades en Galicia, a través del Centro de Investigaciones Forestales de Lourizán (Pontevedra). Este laborioso, pero importante, trabajo sería necesario extenderlo a otras áreas del castaño (fotos 82 y 83).

Fotos 80 y 81. Erizos dehiscentes.

3.6.3. Producción de taninos

Es necesario destacar la importancia que tienen para todas las naciones los curtientes en general, ya sean de origen vegetal, mineral, o sintéticos, observándose en los últimos treinta años un desplazamiento progresivo de los curtientes vegetales a favor de los sintéticos.

Los curtientes, como su nombre indica, son utilizados principalmente para curtir las pieles de los animales y poder ser utilizados en la fabricación de diversos productos.

Los curtientes tradicionales en España han sido extraídos principalmente de castaños, robles, encinas, alcornoques, pinos y lentiscos.

Entre todas las especies forestales utilizadas como curtientes en España, o en el mundo, ha sido tradicionalmente el castaño la especie más utilizada para la obtención de taninos, seleccionando para este menester la corteza y la madera.

Los curtientes vegetales naturales de nuestro país han sido sustituidos por productos sintéticos, así como por curtientes naturales importados de países del tercer mundo con precios mucho más competitivos que los producidos en España. Debido a esta circunstancia económica han sido abandonados estos recursos forestales, así como los proyectos de investigación y de explotación de los curtientes vegetales.

En 1935 se producían en España 35.5 millones de kg de curtientes de origen forestal, importándose 6.5 millones de kg de curtientes sobre todo de mimosa, quebracho, y *Valonera mangle.* Pero es a partir de los años 60 cuando se produce un retroceso del consumo de curtientes vegetales procedentes de nuestos bosques, como consecuencia de un incremento de las importaciones y de la aparición de curtientes sintéticos.

3.6.3.1. Factores biológicos y su incidencia en el contenido tánico

a) *La edad del castaño.* El contenido de los taninos del castaño en el total del árbol va aumentando hasta los 20 ó 30 años, cuando alcanza el valor máximo, variando entre el 13.3 y el 13.5%, para disminuir progresivamente hasta el 10.8% en árboles de 70 años. Por el contrario, el tanino de la madera aumenta con la edad del árbol pasando del 3.9% en árboles de 10 años, hasta el 10.6% en árboles de más de 70 años. El hecho del alto valor de la madera de castaño, hace que actualmente sea cuestionable su utilización para obtener el tanino.

b) *Hábitat.* Experiencias realizadas en EE. UU. sobre castaños han demostrado una gran variación del contenido tánico de dichos árboles, presentando los más meridionales una mayor cantidad de taninos en la madera.

Fotos 82 y 83. Frutos de distintos tamaños.

c) *Organos del castaño.* El mayor porcentaje de taninos aparece en la corteza con una media del 12.5%, seguido por el duramen con el 8.7%, siendo la albura, con un 7.4%, la que presenta un menor porcentaje. Estos datos se refieren a experiencias realizadas con árboles con edades comprendidas entre 40 y 90 años.

3.6.3.2. El tanino del castaño

La cantidad de taninos existentes tanto en la corteza como en la madera de castaño es pequeña y, aunque pasa fácilmente a solución acuosa, es necesario realizar una concentración de la misma. Las fases de obtención de la materia curtiente son las siguientes:

1. Extracto líquido con 50% de humedad.
2. Extracto sólido en bloque con 18 al 20% de humedad.
3. Extracto concentrado con un 5 al 7% de humedad.

Una de las mayores dificultades halladas al principio de la fabricación del extracto del castaño fué su elevada astringencia, pudiendo perjudicar al cuero terminado. La astringencia del extracto del castaño proviene de su misma extructura molecular y de la asociación de sus moléculas. Por ello deben ser tratados los caldos con sustancias precipitantes hasta clarificarlos de forma que se puedan conseguir todos los grados deseables de astringencia e índices de curtido. El extracto de castaño tiene las ventajas con respecto a otros curtientes vegetales (como el extracto de mimosa) el ser bastante soluble en agua fría (varía aquél poco con la temperatura) y tener una baja viscosidad.

3.6.3.3. Obtención del extracto tánico del castaño

En la extracción del tanino, es muy importante fijar con exactitud los siguientes factores:

1. Relación agua materia-prima; dicha proporción debe ser de 2,5 partes de agua por cada parte de materia prima en volumen.

2. Tiempo de extracción; aumentando este tiempo logramos un incremento de la cantidad de tanino obtenido pero también un aumento del coste y un incremento de productos no tánicos.

3. Temperatura de extracción; está ligada al tiempo de extracción y es el factor más importante de la difusión. A bajas temperaturas se extrae una mayor cantidad de productos no tánicos. Por encima de una cierta temperatura disminuye también la proporción de taninos como consecuencia de su

hidrólisis y por la disolución de otras sustancias insolubles a menor temperatura. La condición óptima para la difusión de la madera de castaño es de 121 °C durante una hora.

4. Alteración de los caldos con el tiempo; los caldos extraídos del castaño se alteran a lo largo del tiempo de modo que sufren modificaciones antes de la concentración. En análisis realizados en laboratorio, se ha comprobado unas pérdidas de hasta el 12% de taninos en caldos mantenidos en temperatura ambiente durante 60 días.

3.6.3.4. Concentración y secado

La concentración de los caldos se realiza (normalmente de igual forma que se hace con otros extractos) con un evaporador (*kestner*) buscando que la temperatura de concentración sea lo más baja posible. El extracto concentrado se evapora con fuerte agitación hasta un 18-20% de humedad. Por ejemplo: un extracto de castaño con un 20% de humedad, una vez decantado y suavizado, puede tener la siguiente composición: taninos 65%, no taninos 15%, insolubles 0.3% y humedad 20%. Y el extracto de castaño atomizado puede tener la siguiente composición: taninos 76%, no taninos 18%, insolubles 0.4% y humedad 6%.

3.6.4. Aplicaciones medicinales

Desde la antiguedad, ya expuesto por DIOSCÓRIDES, se destaca la utilización de la corteza, ramillas, ramas y brotes de castaño y, en menos proporción, sus hojas como astringentes, utilizándose para combatir diarreas; en gargarismos, y enjuages contra infecciones de garganta, y en problemas y afecciones de las encías (sistema bucal).

Se encuentran en la solución los siguientes compuestos químicos: ácido gálico, inositol, pectina, azúcar, fósforo, magnesio e hierro, destacando como substancias activas: taninos, resinas, pectinas y flavonoides (GUNG y MUNKER).

De la cáscara de la castaña y de las hojas se prepara un champú natural que tiñe en tonos rubios. Las hojas se han empleado como sucedáneo del *Ammamelide virginiana*. La infusión de las hojas es uno de los remedios más eficaces contra la tos y la tosferina (sedante bronquial).

Las flores son muy buscadas por las abejas y, antiguamente, se empleaban para aromatizar el tabaco de pipa.

Como aplicaciones y efectos cabe decir que es ligeramente antiespasmódico y espectorante.

La preparación para su uso es la siguiente: Dos cucharadas de té de hojas (*Folia castanea*) en maceración; en forma de extracto pueden tomarse 20 gotas.

Homeopatía: *Castanea vesca* (hojas frescas y tintura básica). La época de recolección de las hojas es de mediados a finales de junio.

3.7. Valor ornamental, protector, paisajístico, sociocultural, histórico y etnobotánico

3.7.1. Aspectos generales

El castaño tiene un gran valor ornamental aún como árbol cultivado, especialmente cuando se halla entero su porte, por la robusted del tronco, la frondosidad de su copa y el color verde intenso de su follaje. Unos coloridos más claros e intensos, produciendo reflejos brillantes al ser mecidas por el viento sus copas, aparecen bellamente expuestos en esos montes de castaños silvestres que asemejan cuadros impresionistas del más puro estilo.

El castaño ha sido poco utilizado en España (se le puede encontrar en jardines navarros) y Europa como árbol ornamental debido fundamentalmente al problema de los erizos que, al caer al suelo, se pueden clavar sus espinas en manos y pies, sobre todo de los niños cuando juegan debajo de ellos. El problema puede resolverse, en los castaños de jardín, mediante la recogida completa de estos erizos por parte de los jardineros y su eliminación por el fuego o enterramiento. Sin embargo, en Sudamérica, como se observa en Chile y Argentina, el castaño se le instala en plantaciones lineales a ambos lados de las carreteras y caminos de acceso a las grandes fincas y predios, adquiriendo unas alturas extraordinarias en no muchos años y adoptando unas formas poco conocidas en Europa.

El castaño es un árbol muy hermoso con hojas de color verde intenso; sus flores o «candela» amarillodoradas, y también acompañado de sus erizos redondeados que progresivamente van cambiando de color hasta su caída en la época de su maduración y la apertura para la salida de la castaña en el otoño. Los colores en esta época van desde el verde, amarillo, marrón y rojizo al ceniciento, contribuyen a crear ese típico paisaje en amplias comarcas de nuestra geografía española, donde en unas zonas aparece como mancha pura aquí y allá (El Bierzo, provincia de León, y en el Sistema Central), mezclándose y alternando con otras parcelas más o menos extensas de roble, pino, encina, jaral o matorral, así como con otras especies cultivadas, tales como la vid, el olivo y el cerezo. Además, el castañar representa un monte fresco y con sombra muy agradable en verano. Salpicado con el acebo y el madroño entre sus rebrotes más jóvenes, o en los claros, junto al espino blanco, el rosal silvestre, la zarzamora y el endrino, con la gran cantidad de frutos que ellos proporcionan, permiten mantener una amplia diversidad de fauna que por sí solo no podría.

Las variedades más comunes cultivadas en jardinería se corresponden con formas diversas del castaño en las cuales aparecen hojas y troncos con peculiaridades características y específicas (color, forma, disposición, tamaño, etc.) que las hacen más atractivas desde el punto de vista ornamental y de adorno. Las variedades más utilizadas son:

— Forma pendulifolia, que presenta la copa con las ramas colgantes.

— Forma argenteovariagata que, como su nombre indica, tiene las hojas jaspeadas de color blanquecino.

— Forma aureomaculata, con hojas jaspeadas y márgenes de color amarillo oscuro.

— Forma purpúrea, en la cual aparecen llamativamente en verano las hojas de color púrpura.

— Forma glabra, presentando sus hojas de gran tamaño completamente lampiñas.

— Forma asplenifolia, de hojas con anchura muy pequeña, dando un aspecto muy peculiar.

— Forma fastigiata, en la que se observa un porte similar al chopo lombardo.

El valor protector de estas masas de castaños es muy importante, debido fundamentalmente a la densidad de su cubierta, la profundidad de la copa, el espesor de la capa vegetal muerta y las características de su sistema radical (raíces potentes y medianamente profundas; en los terrenos ligeros y sueltos se extienden las raíces laterales y superficiales por todas partes y direcciones).

En palabras de MALATO BELIZ (en su obra *O Castanheiro na Economia e na Paisagem*) «*dado que esta utilísima fagácea es, generalmente, especie de montaña, tiene una utilidad de valor incalculable tanto en la protección de las capas superiores del suelo, contra la erosión, como en la recuperación del mismo suelo, en pendientes acentuadas, en los cuales un cultivo cerealista milenario de subsistencia 'comió y dejó el hueso'*».

El castaño tiene un crecimiento relativamente rápido, sobre todo en las primeras edades, alcanzando gran longevidad, pudiendo ser centenario; pasado el siglo de vida, es muy corriente verle ahuecado su tronco, manteniendo su vitalidad durante varios siglos más. Existen antiguas referencias a castaños notables, milenarios, como el de los «cien caballos» del

Etna que, según cuenta la tradición, sirvió de refugio bajo su copa a la reina Juana de Aragón quien se *refolgó* con cien jinetes; en el siglo XVIII, la mata o corona ceparia tenía 15 m de diámetro y, a finales del siglo pasado sólo quedaban algunas partes del tronco, con 53 m de perímetro la cepa. También podemos citar como árboles famosos españoles, el de Poqueira (Sierra Nevada) cuyo tronco sirvió de vivienda a una familia de moriscos en la época de la guerra de la Alpujarra; el de Béjar (provincia de Salamanca) en el que vivió un tornero que hacía vasos de su misma madera; y el de Hervás (provincia de Cáceres) cuyo tronco servía de encerradero a un toro semental del municipio. Hoy día seguimos encontrando magníficos ejemplares como el de San Román de Sanabria, de 4 m de diámetro, o los majestuosos árboles de la zona de Hermisende y los del Alto de la Alcobilla, así como los centenarios de Aliste, todos ellos en la provincia de Zamora.

3.7.2. El castaño en la historia del bosque

En el marco natural de los bosques se ha forjado la historia de nuestra sociedad. Las actividades humanas transformadoras se inician durante el largo proceso de la evolución Neolítica, ya que es a partir de este período, cuando se abandonan las actividades cazadoras y recolectoras Paleolíticas, dando paso a las roturaciones y convirtiendo las formas silvestres de paisaje en cultivos o pastos.

Asímismo, la expansión de la metalurgia a partir del final de la Edad del Bronce y durante la Edad del Hierro, con la aparición de las fraguas, van a tener una importante significación para los bosques, generando un incremento de consumo de carbón vegetal.

En la época de colonización romana de Hispania, se produjo un notable incremento demográfico, coincidiendo a menudo las vías romanas como grandes corredores biológicos que facilitaban la movilidad, con la consiguiente expansión de especies vegetales como el castaño, olmo y nogal. Se dispone de esta época literatura histórica que nos habla respecto al estado de nuestros paisajes como por ejemplo el volumen III de ESTRABON o las amplias descripciones sobre nuestros ecosistemas naturales recogidos por PLINIO el Viejo cuando fué procurador de Bética. Hacia el año 800 aparece un documento visigodo en forma de ordenanza titulado «*El Capitulare de Villis*» con un contenido que pone de manifiesto la preocupación por la gestión y planificación de los recursos forestales. En uno de sus párrafos se puede leer: «*Nuestros bosques deben custodiarse con diligencia. No se puede permitir que los bosques, donde sean necesarios, sufran agravios por talas excesivas. Debe favorecerse la plantación de enebros, manzanos, pera-*

les, ciruelos, mostajos, nísperos, castaños, avellanos, moreras, laureles, pinos, nogales y cerezos». (BAUER y MANDERSCHEID).

Casi coincidiendo con el descubrimiento del Nuevo Mundo, en el año 1513, apareció la obra «*Agricultura General*» de Gabriel ALONSO de HERRERA, que tendrá durante muchos años gran influencia en la agricultura y la actividad forestal española. El nuevo mundo abrió las puertas a un intercambio pasivo y activo de especies vegetales de una amplia significación para la historia de la evolución de los sistemas naturales del país. Podemos señalar, de ejemplo, cómo la actividad ultramarina significó la expansión del castaño en detrimento del roble. La mayoría de los contenedores para minerales, semillas, polvo, granos y salazones debían ser construidos con duelas y aros de castaño, por su capacidad de soportar el efecto oxidante de la salinidad durante los transportes de Ultramar.

3.7.3. Etnobotánica del castaño

3.7.3.1. La cultura del castaño

En Asturias y Galicia existía la costumbre, que aún perdura hasta nuestros días en algunos lugares, de utilizar terrenos comunales para plantar castaños; el suelo era comunal, pero el árbol y su fruto pertenecían a quien lo plantó (era el llamado «derecho de poznera», que se establece al menos desde el siglo XVII.)

En algunas comarcas como el Caurel (provincia de Lugo), Aliste (Provincia de Zamora) y Tras-os-Montes (Portugal), así como en otras zonas del Noroeste de España y Portugal, Asturias, Galicia, León e, incluso, más al Sur hasta el Sistema Central, existe una verdadera cultura del castaño, existiendo fiestas y tradicciones muy antiguas donde la castaña es el eje sobre el que se asientan dichas costumbres, teniendo el castaño una importancia tal, de forma que es difícil imaginar la vida en estas zonas antes de su introducción.

En las localidades de Folgoso y Seoane (Comarca del Caurel, provincia de Lugo) tradicionalmente se celebra el día de Todos los Santos (1 de Noviembre) el «Magosto» o «Fiesta del Magosto», en el que varias familias en cada pueblo se reunían para asar castañas y tomarlas con vino. En estos municipios ha sido instaurada desde hace siete años la «Fiesta de la castaña», celebrándose alternativamente cada año en una localidad. Se trata de una exposición de productos artesanales de la zona, con degustación gratuita de castañas asadas y vino, y otras manifestaciones festivas, como música popular gallega. El «Magosto» es más bien un motivo de reunión social alrededor del fuego, en invierno; se acompaña muy usualmente de vino y tocino. Tiene lugar durante Noviembre y Diciembre. Esta palabra está muy difundida por todo el Norte de España, Cantabria, León, Asturias y Galicia; en todas las regiones tiene este mismo significado. También se puede usar como sinónimo de asar, y entonces se emplea para otros alimentos asados, como «magosto de millo» (maíz asado). La palabra tiene un origen incierto; según el Diccionario de la Real Academia se usa para designar tanto a la hoguera, como a las castañas, como a la fiesta.

En los platos preparados básicamente de castañas asadas o cocidas, el «caldo de castaña» se tomaba para desayunar, o las «castañas con leche» para merendar. El caldo de castañas se prepara «*poniéndolas en una pota a hervir con agua hasta que desprenden la casca pequeña o interior. Una vez cocidas se ponen con unto de cerdo o con mantequilla de casa*». O «*secas, bien cocidas con manteca de vaca, de forma que parece un chocolate*». También era muy común comer castañas con tocino y chorizo.

El llamado «burgacio» se preparaba cociendo castañas de la variedad llamada «rapadas» (peladas) no del todo maduras, con un poco de sal o sin ellas. También se comían con leche. Las castañas cocidas se usan para las morcillas, a las que además se pueden añadir variados y originales productos como arroz, manzanas, fideos, miel o higos. Este tipo de morcillas son dulces (fotos 84, 85, 86, 87 y 88).

GALENO decía que «*las castañas dan al campo más nutrimento que ningún otro fruto salvaje*». Aclaraba Fernando INCLAN SUAREZ en el «*Enaltecimiento de la castaña*»: «*El asturiano pierde los dientes por beber la sidra fría y comer las castañas calientes*». LAGUNA comentó en su conocida obra: «*De las castañas secas al humo mondadas se hace cierta harina que suple por la de trigo en tiempo de carestía, como en el año 1550, se dió a la clara en Roma cuando no quedó castaña, ni haba, ni bellota que molida y amasada no sirviese de pan..... Las verdes son dañinas a los pulmones, por el cual respecto, sobre su propia cáscara la armó la natura de otra más espinosa y a manera de erizo, para que ningún animal las tocase antes de ser maduras*».

3.7.3.2. Mitología del castaño

En las antiguas civilizaciones europeas, entre otras, existió el culto al bosque. Así en España cabe recordar el *Lucus Augusti* (Lugo) y el *Lucus Asturum* (Asturias) donde se encontraban majestuosos bosques de castaños y robles. En muchos de estos bosques sagrados se han localizado leyendas mitológicas. Los Celtas celebraban en ellos su culto a la encina y al muérdago; los druídas adoraban a *Irminsul* al pie de la encina sagrada. El culto, o por lo menos supersticiones o leyendas sobre los bosques continuaron en la Edad Media llegando de alguna forma hasta nuestros días, a veces re-

Foto 84. Castaño centenario de Sanabria (provincia de Zamora).

Foto 85. Ermita del Alto de la Alcobilla rodeada de castaños (Sanabria, provincia de Zamora).

Foto 86. Castaño centenario hueco.

Foto 87. Magnífico ejemplar con gruesas ramas principales en el Alto de la Alcobilla (Sanabria, provincia de Zamora).

Foto 88. Detalle del tronco de un castaño adulto en Aliste (provincia de Zamora).

vestido bajo la óptica católica. Así, el castaño aparece con claras connotaciones religiosas Marianas, como por ejemplo el bosque de castaños en el cual se sitúa una ermita dedicada a la Virgen del Castañar en Béjar (provincia de Salamanca). La ermita del Alto de la Alcobilla en el Norte de Sanabria (provincia de Zamora) rodeada de castaños centenarios como aparecen en la fotografía, etc..

El castaño ha sido considerado un árbol sagrado, como el roble o el nogal, cargado de mitos y leyendas. Ya en el Génesis y en el libro de EZEQUIEL, así como en otros libros sagrados rabínicos, se hacía mención a los castaños. DIOSCÓRIDES hablaba de los castaños y decía: «*las bellotas sardianas, que algunos llaman lopinas o bellotas de Júpiter, hacen los mismos efectos que otras bellotas, que parecían utilizarse contra algunos venenos*». Fray Luis de GRANADA decía en «*Del Símbolo de la Fé: Tratado sobre las plantas y animales*»: «*El pan de los pobres.... También los nogales son árboles grandes y altos, y no menos lo son los castaños (que es mantenimiento de gente pobre, cuando les falta pan), los cuales están a veces plantados en lugares montuosos, y así muy subjectos al ímpetu y frialdad de los vientos. Por lo cual los vistió y abrigó el Criador con aquel erizo que vemos por defuera, y después con dos túnicas, una más dura y otra más blanda, que viste el fruto, que son como la dura máter y la pía máter que cercan y guardan los sesos de nuestro cerebro*».

CAPITULO 4

Los enemigos del castaño

4.1. Enfermedades

4.1.1. La «tinta»: Phytophtora cinnamoni *Rands*

4.1.1.1. Introducción e historia de la enfermedad

La enfermedad así conocida (fotos 89 y 90) está causada por un hongo patógeno de la familia *Peronosporaceae.* Es el Ficomiceto Oomical *Phytophtora cinnamoni* Rands. Los géneros más susceptibles a su ataque son *Quercus*, *Juglans*, *Betula* y *Castanea*, siendo este último el que sufre una mayor agresión. Es un hongo edáfico, cuyo micelio vive de un modo saprófito sobre la materia orgánica existente en el suelo. Si este micelio contacta con las raíces del árbol, invade los tejidos vivos actuando de forma parásita. En el caso de que la infección comience en las raíces periféricas la muerte del castaño es lenta, ya que el cuello de la raíz produce nuevas raíces. En cambio, si la infección se inicia cerca del tronco, el castaño muere en un corto período de tiempo, pues no es capaz de incorporar raíces nuevas al medio.

Los síntomas principales de esta enfermedad son los siguientes: ramas y ramillas puntisecas, amarilleamiento de las hojas, caída de las hojas prematuramente; ramas muertas, pérdida de vigor y aborto de los frutos. El año anterior a la muerte se produce una gran cantidad de castañas sin ningún va-

Foto 89. Castaños afectados y muertos por la «tinta» (Aliste, provincia de Zamora).

Foto 90. Castaño muerto por «tinta».

lor; por otro lado, los erizos no se desprenden, dando al árbol un aspecto llamativo al permanecer adheridos a las ramillas durante la época invernal. La manera definitiva de saber si la enfermedad de la «tinta» existe en el árbol es comprobar en la base del tronco la existencia de una mancha negra en forma de llama, debida a sustancias fenólicas oxidadas que tiñen una sustancia gomosa como reacción del árbol al avance del parásito.

La corteza apenas ofrece resistencia a su rotura, debido a la presión que ejerce el crecimiento en diámetro de las partes sanas sobre la corteza que está en las zonas donde el cambium ha sido destruido. La propagación de la enfermedad es enorme, ya que el hongo cuenta con numerosos medios para extenderse: contacto de raíces entre árboles (raíces puente), transporte del micelio con la tierra por personas y animales, transporte de las esporas por el agua. El hongo es capaz de producir esporas sexuales (oosporas), zoosporas y clamidosporas; estas últimas son formas de resistencia preparadas para permanecer vivas en períodos adversos durante los meses invernales, antes de encontrar condiciones propicias para la infección y posterior desarrollo.

Las primeras citas sobre la enfermedad de la tinta en España aparecen en los castaños de los montes de los pueblos de Jarandán, situado en la falda meridional de la Sierra de Gredos, que se extendió por toda la comarca de la Vera de Plasencia, causando graves daños en 1726.

Hasta mediados del Siglo pasado no se vuelven a tener citas de la enfermedad, a excepción de los Bajos Pirineos. En 1871 y 1872 hace su aparición en las costas del Cantábrico, entre Ondárroa y Lequeitio. Algún tiempo después se había desarrollado ya en algunas comarcas de Galicia. En Pontevedra los daños eran muy graves, como se deduce de la siguiente nota dirigida a la Real Sociedad Española de Historia Natural que dice así: «*...Los castaños mueren a millares, de modo que de continuar como hasta aquí, la enfermedad acabará con los pocos que todavía quedan en pié...*». La enfermedad se fué extendiendo por las cuatro provincias gallegas, además de Asturias, Santander, Vizcaya y Guipúzcoa, y por el Valle del Baztán en Navarra, citándose en los alrededores de Avila y en la vertiente meridional de la Sierra de Gredos. En Portugal, la enfermedad apareció em 1853; se tenían noticias del mal en la cuenca del Miño, pero hasta 1878 no se dió cuenta de la enfermedad a la Academia de Ciencias de París. En Italia, donde se denuncia por primera vez el mal, empezó en los alrededores de Graglia, en el Piamonte, hacia el año 1842; luego se propagó por la Luguria y la Toscana.

Hoy la «tinta» está extendida por todo el Norte de España (mapa 1), habiendo destruido muchos castañares, y entrado posteriormente en la comarca de Béjar, Peña de Francia y Pico Cervero (provincia de Salamanca). En el Sur no ha sido señalada aún con carácter grave y tampoco se ha detectado en el Norte de Africa.

Mapa 1. Distribución de la «tinta» en España. M. Berrocal, 1996.

El tratamiento más eficaz, siempre que la enfermedad sea incipiente, es el químico directo. Tiene la desventaja de ser difícil de aplicar a escala monte, por lo que sólo se suele utilizar en casos puntuales a base de fungicidas específicos de aplicación foliar y en el suelo, en plantaciones jóvenes y en viveros. En árboles grandes, el tratamiento consiste en descalzar la base del tronco hasta una profundidad de 50 cm, de modo que aparezcan las raíces más gruesas, intentando que no reciban ninguna herida. Una vez al descubierto, se limpia la tierra del cuello de todas la raíces descubiertas. A continuación se moja, empleando una pulverización a base de oxicloruro de Cobre más *Zineb*; es conveniente no cubrirlo inmediatamente con tierra a no ser que haya riesgo de precipitaciones. Debido a los inconvenientes de este método, la solución al problema se acometió con las investigaciones tendentes a la obtención de castaños híbridos resistentes. En 1925, la Misión Biológica de Galicia consiguió los primeros castaños resistentes; las hibridaciones que se iniciaron con CRUZ GALLASTEGUI, fueron continuadas en el INIA con URQUIJO. Es en el Centro de Investigaciones Forestales de Lourizán (Pontevedra) junto con el Departamento de Fisiología Vegetal de la Facultad de Santiago de Compostela donde se aborda definitivamente el problema a través de los trabajos encomiables de VIEITEZ. Después de hibridaciones, selección de estirpes de *Phytophtora*, inoculaciones sucesivas, etc., se han conseguido más de 12.000 cepas de castaños resistentes, depositadas en el Centro de Investigaciones Forestales de Lourizán. Actualmente se obtienen de esas cepas madres mediante acodo bajo y hormonado unos 25.000 castaños anualmente, habiéndose conseguido más de 656.000 barbados desde el año 1958.

Los castaños que se utilizan en la hibridación son *Castanea crenata* Sieb. y Zucc. (procedente del Japón) y *Castanea mollisima* Blume (oriundo de China). Estos híbridos resistentes, en climas menos benignos que los propios de Galicia y franja cantábrica, presentan bastantes problemas de adaptación. Por otro lado, el sistema de acodo bajo presenta la problemática de la fuerte dependencia clonal en cuanto a resultados de enraizamiento. Por esta razón en los últimos años se está trabajando en la técnica de cultivo *in vitro*. Teóricamente, y a partir de pequeñas cantidades de tejido parental, podrían producirse miles de plántulas de un clon seleccionado, con menos tiempo y espacio que el requerido con las técnicas de injerto o acodo bajo.

BERROCAL y colaboradores han comprobado en 1991 y 1992 que los sotos de castaño alisteños (provincia de Zamora) están padeciendo un proceso infeccioso de gran envergadura. Los daños por tinta son graves en Alcañices, Sejas de Aliste, Riomanzanas, Rabanales, etc.. En la comarca de Sanabria, han observado y comprobado el mismo problema (*v.g.*: Boya y Villardeciervos, entre otros municipios). En terrenos cercanos a la frontera portuguesa encontraron (áreas de Quintanhilla y San Martín del Pedroso) una masa de castaños extensísima (de aproximadamente 10.000 árboles adultos) de los cuales un 30% de la población se encontraba ya muerta en 1991.

Composición morfológica y reproducción. El micelio de *Phytophthora cinnamoni* es cenocítico, hialino y de aspecto muy ramificado, aúnque a veces aparecen numerosos tabiques en hifas viejas o poco activas. En cualquier caso, siempre aparecerán delimitando los órganos de reproducción. Las hinchazones de las hifas (hifas *sweling*) se forman en condiciones no habituales, nunca separadas del micelio por tabique alguno (fotos 91 y 92).

Las esporas de *Phytophthora* (en esporangios), poseen un ápice bien marcado, necesitando humedad edáfica para la esporulación y difusión, pero no para su crecimiento, el cual se puede realizar en medio seco. El esporangio tiene una germinación directa cuando produce una o varias hifas e indirecta cuando produce zoosporas (esporas con un par de filamentos o flagelos que les permiten nadar).

La reproducción puede ser asexual por esporangios (zoosporas) y sexual (mediante oosporas). Los esporangios poseen doble pared con un ápi-

Fotos 91 y 92. **Descalce de un árbol: manchas negras en el cuello de la raíz típicas de la presencia del hongo *Phytophtora cinnamomi* Rands.**

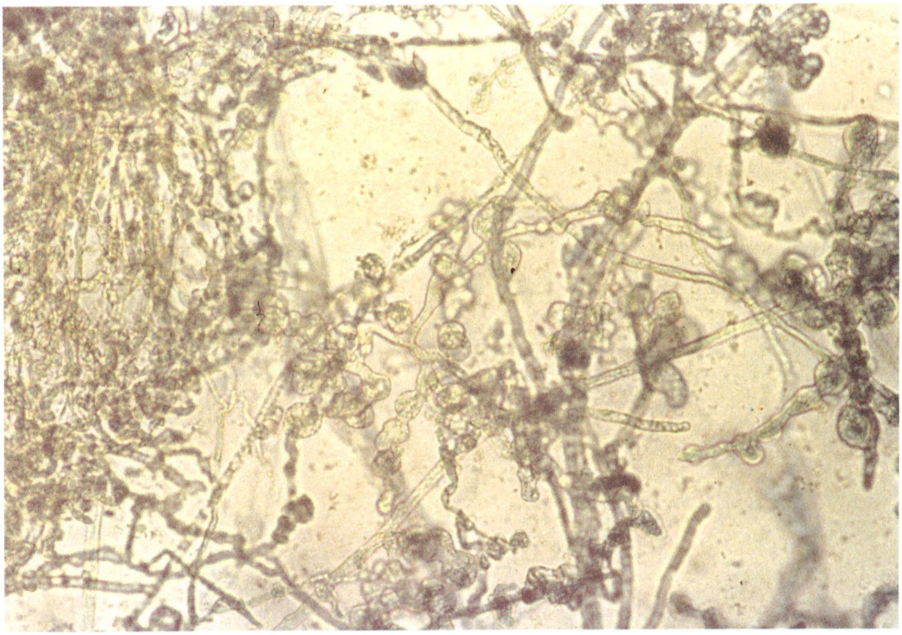

Foto 93. Micelio de *Phytophtora cinnamomi* Rands.

ce marcado por donde germinan. Las zoosporas tienen forma de riñón y dan lugar a la distribución del hongo en el espacio, dependiendo de la temperatura y de la humedad. La reproducción sexual se produce por la fusión de núcleos (cariogamia), es decir, la unión del anteridio y del oogonio. La oospora también tiene el papel de conservación como la clamidospora, pero la diferencia está en que la oospora siempre se encuentra en el interior de un tejido vegetal. Las clamidosporas son esporas que se han ido formando de una porción del micelio, más o menos llenas de reservas y delimitadas por uno, dos o más tabiques, y provistas de una pared interior, que es refringente a la luz polarizada. Primero son hialinas, pasando a amarillas al envejecer (fotos 93, 94 y 95).

Ejemplo de estudio en un soto afectado. Un ejemplo del estudio realizado en la zona zamorana estudiada puede ser el de Villarino Tras la Sierra, donde existe un soto de castaños cuya superficie se encuentra totalmente labrada y en el cual la «tinta» se muestra claramente a partir de un núcleo central de 15 a 20 árboles afectados intensamente, extendiéndose por la proximidades, descenciendo el número de pies afectados a medida que aumenta la distancia al foco de propagación. Según se incrementa esta distancia, los árboles dañados aparecen primero agrupados, y después sueltos, en este último caso, incluso a mucha distancia del núcleo principal de afectados.

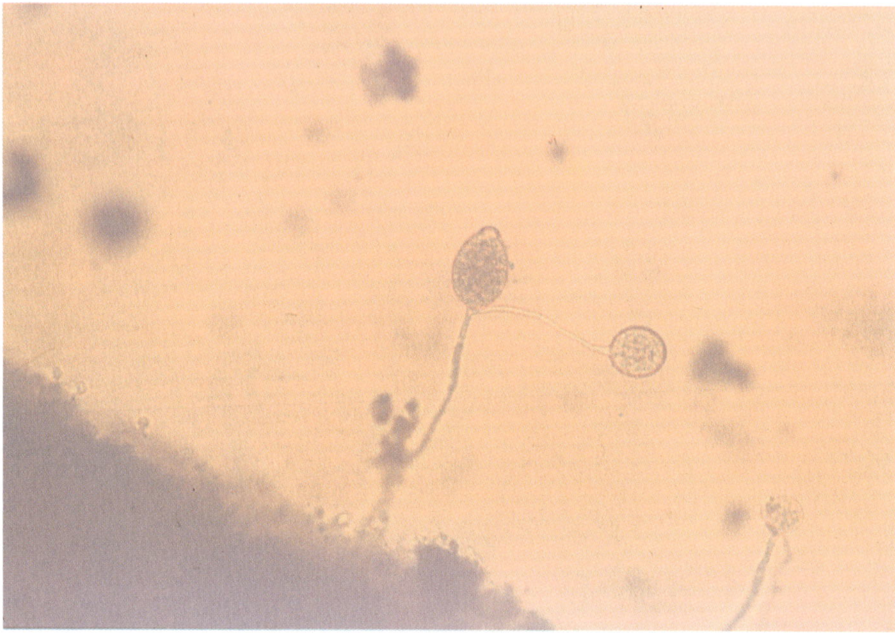

Foto 94. Esporangios de *Phytopthora cinnamomi* Rands.

Se ha observado que a partir del foco de propagación, la enfermedad aprovecha los regueros de escorrentía y arroyos, apareciendo árboles dañados en las filas descendentes, e incluso en pies plantados siguiendo la línea de máxima pendiente. Lejos del lugar de origen de la enfermedad los pies afectados aparecen diseminados sin aparente relación; estos árboles que suman en total un número bastante inferior al que integran los de la mancha principal de dañados y grupos de alrededor, no se localizan de un modo completamente aleatorio, sino que estando bastante separados unos de otros, forman agrupaciones, de manera que relativamente cerca de un árbol que presenta un aspecto negativo se podrá encontrar otro que no disfrute de buena salud o que incluso se halle muerto. En el soto se encuentran árboles que han muerto rápidamente, durante el bienio 1995-96, y pies que murieron hace mucho tiempo, en especial, en el foco de la enfermedad. Los castaños de mayor edad (diámetro normal mayor de 80 cm) son los más afectados, gozando de buena salud sólo el 57% de los mismos, encontrándose muertos el 13% y graves el 20%. El 10% restante aparece en un estado intermedio.

Sin embargo, hay que tener en cuenta que un elevado porcentaje de estos castaños se encuentran en el foco de propagación o en lugares próximos,

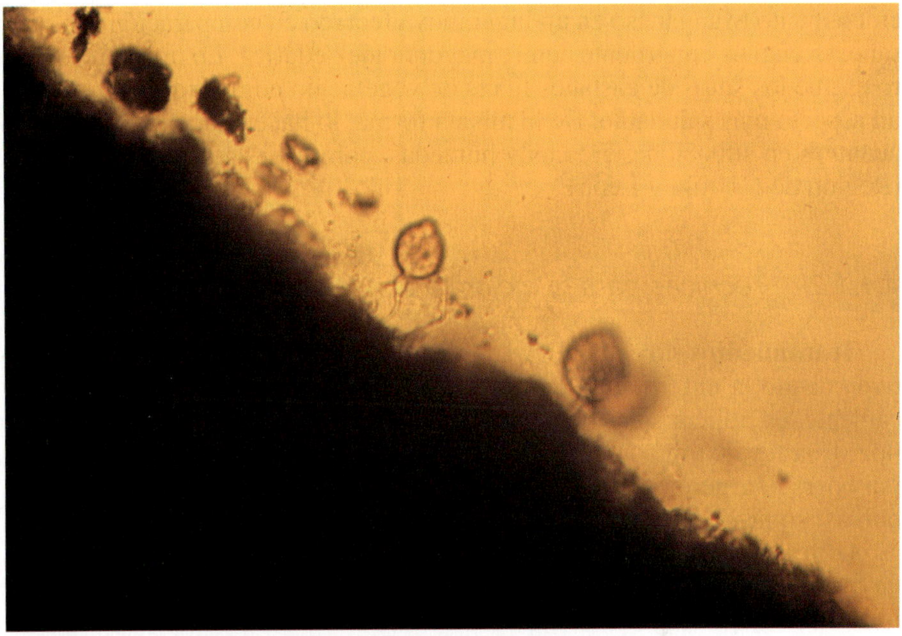

Foto 95. Esporangios de *Phytopthora cinnamomi* Rands.

por lo que habrá que catalogar de una forma homogénea en el castañar, como clase diamétrica más dañada, la de 50-60 cm con el 11% de los pies con salud moderada, el 8% en estado grave y el 4% ya muertos. En este soto se realizó el descalce de un pie en grave estado, observándose la mancha oscura (fotos 91 y 92) característica de la «tinta» y se detectó en el suelo y en las raíces el hongo causante de la enfermedad a través de ensayos en el laboratorio.

Conclusiones. De las observaciones de campo se dedujo que no existe ninguna relación entre la edad del arbolado y su condición sanitaria, salvo el lógico hecho de que los castaños de más edad presenten más problemas, debido a su propia longevidad; así, las clases diamétricas 60-80 cm son las que presentan un porcentaje menor de árboles completamente sanos pero, por otra parte, la diferencia con el resto de las clases en cuanto a pies graves o muertos, es pequeña.

Los análisis edafológicos realizados con el fin de comparar zonas afectadas por la «tinta» y zonas sanas indican que los lugares más afectados por *Phytophtora* tienen una acidez mayor y, también, un mayor nivel de Fósforo total, siendo más bajos los niveles en valores de Nitrógeno y materia orgánica. De los análisis, se desprende también una mayor cantidad del microelemento Manganeso en un lugar muy afectado en comparación con otro sano, lo cual es congruente con la mayor acidez edáfica. Lo que parece claro es que los sotos de castaños libres de vegetación competidora, presentan un aspecto más saludable. De la misma forma, lo hacen aquellos que se encuentran en situaciones frescas y húmedas, como son las zonas de umbría (Región de Castilla y León).

4.1.1.2. Técnicas para la mejora y conservación del castaño

Tratamientos directos. El tratamiento directo a las raíces es muy efectivo cuando la enfermedad no se encuentra muy avanzada; consiste, básicamente, en aplicar sales de Cobre (Cu), después de limpiar el cuello de la raíz. Una técnica mejorada de este tratamiento consiste en realizar la misma operación pero, además, acompañándola de una poda sanitaria del árbol, así como de un abonado foliar de aminoácidos.

Obtención de castaños resistentes. Se trata de conseguir la producción de castaños inmunes a la enfermedad. Se puede realizar de dos maneras: por hibridación y por exploración, para localizar castaños que hayan resistido a la tinta de forma natural. En el caso de las hibridaciones se utilizan castaños del país y castaños asiáticos. Los castaños chinos son resistentes a la «tinta» y bastante al «chancro», pero de porte y producción pésimos. Los japoneses, poseen una resistencia a la tinta de un 70-80% y aunque con un porte mejor que el chino, siguen siendo inferiores al de *C. sativa*. Cruzándoles, mediante sucesivas combinaciones, se llega a obtener híbridos resistentes y con calidades maderables y de fruto bastante similares a las de nuestros castaños.

Una vez conseguido por algunos de los dos métodos, se hace necesario comprobar esa presumida inmunidad. Para ello se acude a la inoculación en el tejido cambial de las raíces de una emulsión hecha a base de estirpes de *Phytophthora*, cuya virulencia ha sido previamente exaltada. En el lugar donde estén plantados los castaños hay que mantener unas condiciones de humedad edáfica óptimas para el crecimiento del hongo durante el período de incubación que puede durar desde una semana, hasta cinco meses, dependiendo del grado de resistencia del árbol.

Los castaños que rechazan el ataque vuelven a sufrir la inoculacuión del hongo dos años más y, si resisten estas pruebas, entonces son considerados como verdaderamente resistentes.

Medidas culturales. Los tratamientos culturales no son capaces de frenar el avance de una enfermedad como la «tinta» pero, no cabe duda, que fortalecerán a los castaños ante otro agente latente, como es el «chancro» y, en cualquier caso, evitarán que otros problemas de menor importancia, sobre castaños vigorosos, puedan aprovechar un estado de debilidad de los árboles, para transformarse en agentes patógenos virulentos.

El hecho de que en ciertos suelos favorables no se encuentren fitopatologías, se ha llegado recientemente a considerar la existencia de suelos denominados «supresivos» (o resistentes a fitopatologías y/o plagas por microfauna). En general, estos suelos suelen tener altos contenidos en materia orgánica y/o encuadrarse como fértiles.

Los tratamientos a realizar son los siguientes:

— Podas de ramas muertas y de vástagos chupones.

— Limpieza del matorral existente en una superficie muy amplia alrededor del árbol. El uso de ganado ovino y caprino para controlar la vegetación expontánea es muy práctico y, además, supone normalmente un aporte de nitrógeno al suelo en forma de excrementos.

— El empleo del fuego para quemar la hojarasca es positivo en caso de existir el hongo *Microsphaerella maculiformis* (Pers.) Schroet.; sin embargo se ha observado muchos castaños afectados por el fuego en la parte basal, por lo que conviene extremar las precauciones; siempre que sea posible, se ha de limpiar la hojarasca que existe alrededor del tronco para así evitar la intensidad de la combustión.

— Al labrar el terreno es recomendable tener la precaución de no acercarse demasiado a los árboles. Es frecuente detectar heridas en los troncos, las cuales son un medio fácil para que los diversos hongos de pudrición e insectos perforadores comiencen sus ataques. Es preferible labrar menos superficie que provocar este tipo de heridas.

— En muchos sotos se esparcen por el suelo las ramas desgajadas, restos de podas, etc.. Es preciso retirarlas o triturarlas, puesto que no son otra cosa que focos de infección.

Todas estas medidas tienden a una finalidad clara: que el vigor del árbol debe de ser el máximo posible que permita el medio y reducir los riesgos de que se produzca un problema fitosanitario.

El tratamiento químico sigue siendo de interés para muchos investigadores y, así, en Portugal, se están realizando experiencias con los productos *Fosetil-Al* y *Metalaxil* con resultados positivos hasta el momento. Sin embargo, pretender que todos los castaños afectados por la «tinta» sean tratados de una manera tan compleja es algo inabordable y, más aún, cuando no existe ninguna garantía de que en un plazo de varios años (cuando los productos químicos hayan desaparecido de las raíces) el árbol no vaya a ser de nuevo infectado. La obtención de castaños resistentes es una tarea a medio y largo plazo, si bien es la única solución real en este momento al problema causado por la «tinta». Sería necesario obtener las plantas resistentes en lugares de idénticas características ecológicas a las de implantación definitiva, de forma que los barbados que se obtengan mediante acodo bajo se hallen en su medio natural y no tengan problemas graves de adaptación.

4.1.1.3. Métodos de cultivo para diagnosticar la «tinta» en laboratorio

Método trampa. Se agitan 125 g de la tierra que se haya recogido alrededor de las raíces y raicillas del castaño supuestamente infectado de «tinta» en medio litro de agua estéril, y la solución se vierte sobre unas 10 placas Petri también estériles, hasta que el nivel del líquido sobrepase el 50% de capacidad. A continuación se cortan trocitos de pétalos de un clavel blanco cerrado colocándolos encima de dichas placas; después de estas operaciones se esperan tres días para poder observar si hay esporangios de hongos adheridos a los pétalos del clavel.

Cultivo con el método selectivo V8. Se recogen 200 ml de zumo de tomate al 100% y 3 g de carbonato cálcico, manteniéndose 20 minutos en agitación y, posteriormente, otros 20 minutos en centrifugación para clarificar; se añaden 17 g de agar y se añade agua desionizada hasta 1 litro. Se esteriliza durante 20 minutos a 120 ºC y, después, se deja enfriar hasta los 40 ºC, añadiéndose los siguientes componentes:

— Antibióticos: *Pimarcina* (5 mg/l) y *Rifampicina* (25 mg/l).
— Fungicida de amplio espectro: *Benomilo* (5-10 mg/l).
— Fungicida anti-*Pythium*: *Hymexazol* (5 g/l).

Después de haber preparado el medio, se recogen raíces y raicillas de castaño (lavadas abundantemente) y se cortan en pedazos, y luego se introducen en un recipiente con agua destilada que se coloca sobre un agitador; seguidamente, se deja secar.

En cada placa Petri con medio de cultivo se siembran cinco trozos de esas raicillas con el fin de observar la aparición del micelio del hongo (en caso positivo) al cabo de unos 5 días.

4.1.1.4. Control químico de la «tinta» del castaño

Las primeras observaciones de control químico de sotos infectados por *Phytophtora cinnamomi* con *Fosetil Al* y con *Metalaxil* revelaron una reducción de los síntomas de la enfermedad de la tinta, según experiencias realizadas en Mirandela (Portugal) por MANTAS y TEIXEIRA en 1991.

La «tinta» aparece referida en Portugal hace más de 150 años en la Región de *Vale do Minho* (FERNANDES, 1966) y es la enfermedad que mayores daños ha provocado en los sotos portugueses.

La presencia de la «tinta», el alto precio de la madera, el bajo precio del fruto, así como por interesar más otros cultivos por ser más rentables, ha disminuido de forma drástica el área de los sotos de castaños, por lo menos a la mitad desde 1957 a 1979 (GÓMEZ, 1982).

En la última década se ha verificado un gran incremento de plantaciones pero, desgraciadamente, se ha producido un aumento de los puntos epidémicos, lo que puede ser debido a modificaciones ecológicas del castaño, que podrían estar directamente ligadas a una intensificación cultural (introducción de la mecanización en los distintos procesos de cultivo que pueden causar heridas radiculares con los discos y arados, correctores de la acidez, fertilizaciones desequilibradas, etc.).

Los agricultores portugueses, al igual que sus colegas españoles, siguen sin tener en cuenta las recomendaciones de los técnicos a la hora de plantearse la replantación a cierta escala de los nuevos castañares en zonas o áreas ocupadas por sotos y que fueron prácticamente exterminados por esta enfermedad. La consecuencia es patente; muchos de los castaños replantados mueren. Además, se ha verificado que los métodos ensayados para el control del hongo se han revelado ineficaces, por lo que existe una necesidad de estudiar otras formas de evitar la muerte del soto instalado, además de seguir en la búsqueda de material genético de *Castanea sativa* inmune.

La existencia en el mercado de fungicidas de gran eficacia en el control de los hongos Ficomicetos en los cultivos dieron lugar a realizar los siguientes ensayos:

A partir de diferentes sotos afectados por la enfermedad de la «tinta» se seleccionaron unos castaños con vigor y otros con enfermos. El marco de plantación del soto es de 12×12 m^2, teniendo los árboles entre 25 y 35 años. Alrededor de cada árbol seleccionado se abrió una zanja con cerca de 40 cm de longitud por otros 40 cm de profundidad. En la zona del cuello y de las raíces lesionadas que figuran al descubierto y con síntomas de hongo fue hecho un raspado superficial con un hacha. Se escogieron aleatoriamente dos grupos de 10 árboles cada uno. Cada grupo fue sometido al siguiente tratamiento:

— 30 g de *Fosetil Al* por árbol diluidos en 50 l de agua.

— 5 g de *Metalaxil* por árbol diluidos en 50 l de agua.

Se realizaron seis tratamientos en las épocas en las que mejor se manifiesta la actividad del hongo (esto es, en primavera y primeras lluvias). Las zanjas donde se aplicaron los productos permanecieron abiertas durante todo el período de observación. Se registraron los síntomas manifestados por las plantas sujetas a tratamiento y las vecinas, observándose su evolución.

Se clasificaron los árboles en tres clases según su porte y en cinco según los síntomas de la enfermedad, indicándose la orientación de la zona del árbol según cuadrantes.

Al dejar las raíces al descubierto se observó que once castaños estaban gravemente infectados en todos los cuadrantes. La sintomatología observada en estos árboles fue diversa: tres estaban muy débiles, dos con síntomas bastante visibles, y otros estaban con razonable vigor. En realidad, casi todos los árboles tenían síntomas de diversa intensidad en el cuello de la raíz, aunque los síntomas en la parte aérea variaban mucho de intensidad entre los árboles seleccionados. Se pueden resumir los resultados de la forma siguiente:

N.° Arbol	*Product. tratam.*	*Porte árbol*	*Señal raíz*	*Orient. afectada raíz*	*Señal cuello*	*Orient. afectada cuello*	*Ramas y hojas Síntoma*	*Ramas y hojas Orient.*
1	*Metalaxil*	Grande	No	Ninguna	Percep.	N	Percep.	N
2	*Fosetil*	Grande	Percep.	NO	Visible	NO	Visible	S
3	*Metalaxil*	Grande	Visible	SE	Percep.	NSEO	Percep.	N
4	*Fosetil*	Mediano	Visible	NSEO	Visible	E	Percep.	N
5	*Metalaxil*	Grande	Visible	NSEO	Evidente	SE	Evidente	NSEO
6	*Fosetil*	Mediano	Visible	NSEO	Percep.	NSEO	Evidente	SN
7	*Metalaxil*	Grande	Percep.	S	Visible	S	Evidente	SE
8	*Fosetil*	Mediano	Visible	NSEO	Visible	NSEO	Evidente	SE
9	*Metalaxil*	Mediano	Visible	SO	Percep.	SO	Visible	SEO
10	*Fosetil*	Grande	Percep.	NSEO	Percep.	NSEO	Evidente	NS
11	*Metalaxil*	Mediano	Percep.	NE	Evidente	NE	Visible	N
12	*Fosetil*	Grande	Evidente	NSEO	Visible	NSEO	Visible	NSEO
13	*Metalaxil*	Mediano	Visible	NSEO	Muy ev.	NSEO	Muy ev.	NSEO
14	*Fosetil*	Grande	Muy ev.	S	Visible	S	Percep.	S
15	*Metalaxil*	Mediano	Percep.	NSEO	Percep.	N	Percep.	NO
16	*Fosetil*	Mediano	No	Ninguna	Visible	N	Percep.	S
17	*Metalaxil*	Mediano	Visible	NO	Percep.	NO	Percep.	NO
18	*Fosetil*	Grande	Evidente	NSEO	Evidente	NSEO	Visible	NSEO
19	*Metalaxil*	Grande	Visible	NSEO	Evidente	NSEO	Evidente	NSEO
20	*Fosetil*	Grande	Visible	NSEO	Evidente	NSEO	Evidente	NSEO

En los árboles que se encontraban en las inmediaciones de los que fueron sujetos al tratamiento se observaron síntomas típicos de la enfermedad en la copa (no se hicieron registros en las raíces). En la página siguiente se resumen los resultados obtenidos en aquéllos:

Nº Arbol	*Porte Arbol*	*Sintomatología «tinta»*	*Orientación afectada*
21	Medio	Muy evidentes	NSEO
22	Pequeño	No visible	Ninguna
23	Grande	Perceptibles	—
24	Pequeño	Visible	NSEO
25	Grande	Perceptibles	S
26	Grande	No visibke	Ninguna
27	Grande	Muy evidentes	NSEO
28	Grande	Perceptibles	S
29	Grande	Perceptibles	NSEO
30	Grande	No visible	Ninguna
31	Medio	No visible	Ninguna
32	Grande	No visible	Ninguna
33	Grande	No visible	Ninguna
34	Medio	No visible	Ninguna
35	Grande	Visible	NSEO
36	Grande	Muy evidentes	NSEO
37	Medio	No visible	Ninguna
38	Medio	No visible	Ninguna
39	Medio	Perceptibles	E
40	Grande	No visible	Ninguna
41	Grande	Perceptibles	NSEO
42	Grande	Perceptibles	NSEO

La aplicación de los productos fué positiva, aunque los tratamientos con *Fosetil* Aluminio parece que apenas detuvieron la evolución de los síntomas del árbol en relación a los tratamientos con *Metalaxil*, dado que éste, además de interrupir el debilitamiento del árbol, provocó una mejoría en el vigor y una más nítida reconstitución de los tejidos afectados. Es probable que este hecho se deba a formas diferentes de actuación de las dos sustancias activas.

De todos los árboles sujetos a tratamiento sólo dos evolucionaron de forma negativa, observándose en las raíces que quedaron al descubierto la reconstitución de los tejidos de transmisión entre la parte afectada y las ramas.

Los árboles vecinos, dos de los que estaban gravemente afectados murieron; un tercero, más otros dos con síntomas visibles tuvieron una reducción de vigor, aunque menor que la registrada en años anteriores; en los restantes, en general, no se observó ninguna evolución de la enfermedad (fotos 96, 97, 98, 99, 100, 101 y 102).

Fotos 96 y 97. Árboles afectados por «tinta» (Boya, Zamora).

Foto 98. Pie muerto por la «tinta» (Nuez, Zamora).

Foto 99. Castaño enfermo en Latedo, Zamora.

Foto 100. Castaño moribundo por «tinta» (Trabazos, Zamora).

Foto 101. Magnífico ejemplar de castaño centenario moribundo por «tinta» en Riomanzanas (provincia de Zamora).

Foto 102. Obsérvense los erizos enanos obtenidos a un castaño moribundo por «tinta» (Boya, provincia de Zamora).

Es necesario continuar con estas experiencias y ensayos, analizando otras diferentes formas de aplicación de los fungicidas, como puede ser la pulverización (en el caso del *Fosetil-Al*) y el granulado con *Metalaxil.*

4.1.2. El «chancro»: Cryphonectria parasitica (Murr.) Barr

El patógeno responsable del chancro de la corteza del castaño (*Castanea sativa* Mill.) es el hongo Ascomiceto Pirenial *Cryphonectria parasitica* (Murr.) Barr., de la familia *Esferiaceae*, durante bastante número de años clasificado en el género *Endothia.* Su forma conídica corresponde al género *Endothiella* Sacc. Anteriormente pasó por otros nombres: (*Diaporthe parasitica* Murril, 1906; *Endothia parasitica* Anderson, 1912).

Las plantas huésped de este hongo pertenecen fundamentalmente a la familia de las *Fagacea* (*Castanea, Quercus* y *Fagus*), siendo singularmente receptivos el género *Castanea* y presentándose en modo menos dañino sobre especies del género *Quercus* (*Q. ilex*, *Q. robur*, *Q. petraea*, *Q. pubescens*, etc.), existiendo otros posibles huéspedes de especies de los géneros *Alnus*, *Carpinus*, *Ostrya*, *Acer* y *Rhus* (véase más abajo el listado).

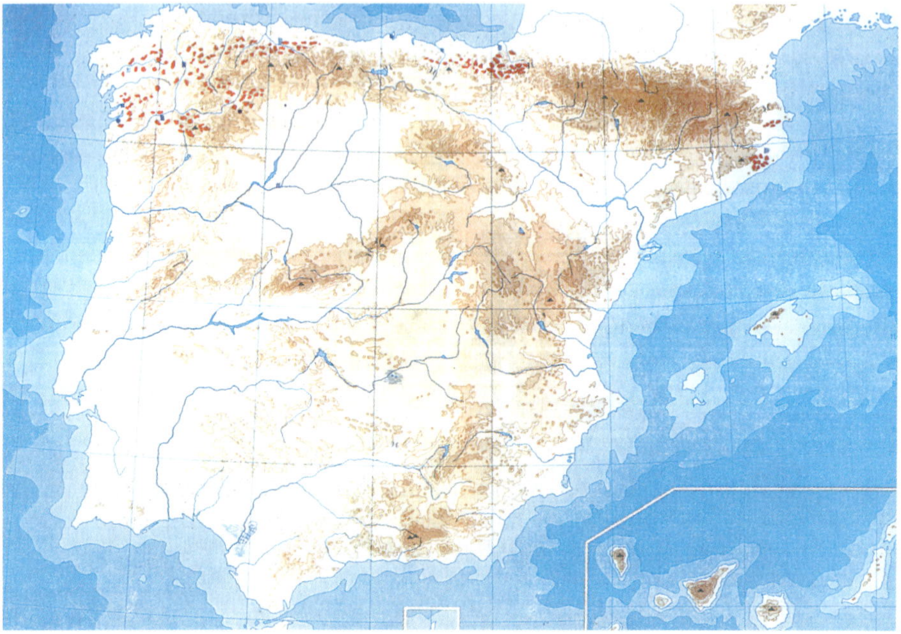

Mapa 2. Distribución del «chancro» del castaño en España, 1993 (M. Berrocal).

Foto 103. Aspecto de una rama afectada por «chancro» (*Cryphonectria parasitica*, El Bierzo, provincia de León).

Este parásito del castaño se le considera originario del Extremo Oriente (China, Corea y Japón) detectándose inicialmente en los EE. UU. de Norteamérica (1904) y, posteriormente, en Europa.

Ahora bien, si los daños que causaba en los países asiáticos sobre *C. crenata* y *C. mollísima* eran poco importantes debido a la resistencia que presentaban estas especies, todo lo contrario sucedió sobre *C. dentata* en Norteamérica: la particular agresividad de este hongo provocó en un espacio de tiempo relativamente corto la desaparición de las poblaciones naturales de esta especie. Precisamente la evolución de la epidemia del chancro del castaño (*Cryphonectria parasitica*) puede considerarse el típico ejemplo de un agente patógeno de nueva introdución.

Los temores que, desgraciadamente, se tenían sobre su llegada a Europa y posterior ataque al *C. sativa* se vieron cumplidos en 1938, cuando se le detectó en castañares de Liguria, Italia. Posteriormente se extendió sobre castañares de Suiza, Francia, España (1940; Mapa 2), Portugal, Yugoslavia, Austria, Grecia y Turquía, no habiéndose observado en Alemania y otros países Centroeuropeos (foto 103).

4.1.2.1. El agente patógeno del «chancro»

Como ya se ha dicho el agente patógeno que produce el chancro del castaño es el hongo *Cryphonectria parasitica.*

Las posibles plantas huésped del hongo *Cryphonectria parasitica* (Murr.) Barr. (TURCHETTI y colaboradores, 1991) son:

Familia	*Género*	*Especie*
Fagaceae:	*Castanea*	*Castanea sativa.**
		C. dentata.
		C. henry.
		C. ozarkensis.
		C. pumila.
		C. ashei.
		C. alabamensis.
		C. alniflora.
		C. floridana.
		C. seguini.
		C. crenata.
		C. mollísima.

Familia	*Género*	*Especie*
	Quercus	*Quercus petrae.**
		*Q. pubescens.**
		*Q. robur.**
		*Q. ílex.**
		*Q. cenis.**
		*Q. sessiflora.**
Fagaceae:	*Quercus*	*Q. rubra.*
		Q. stellata.
		Q. montana.
		Q. velutina.
		Q. alba.
		Q. prinus.
		Q. falcata.
		Q. mablembergii.
		Q. coccinea.
		Q. virginiana.
		Q. mocrocarpa.
	Fagus	*Fagus sylvática.**
	Castanopsis	*Castanopsis chrysophilla.*
		C. (sp. Asiática).
Betulaceae:	*Alnus*	*Alnus cordata.**
	Carpinus	*Carpinus betulus.**
		C. caroliniana.
	Ostrya	*Ostrya carpinifolia.*
		Ostrya virginiana.
Juglandaceae:	*Carya*	*Carya verata.*
Hamamelidaceae:	*Liridendron*	*Liriodendron tulipífera.*
Aceracerae:	*Acer*	*Acer rubrumm.*
		A. pennsylvanicum.
		A. succharum.
		A. palmatum.
Anacardiaceae:	*Rhus*	*Rhus typhina.**

* Especies autóctonas europeas.

Foto 104. Ramas afectadas por «chancro».

Foto 105. Detalle del «chancro».

Foto 106. Castañar afectado por «chancro».

4.1.2.2. Síntomas de la enfermedad

Los síntomas típicos y característicos de un ataque de *Cryphonectria parasitica* son visibles fundamentalmente en las zonas jóvenes y la corteza lisa de los árboles afectados (fustes de poca edad, chirpiales jóvenes y ramas y ramillas de árboles ya maduros). En las zonas más viejas del árbol, con la corteza rugosa, la enfermedad suele manifestarse o aparecer su sintomatología posteriormente. Secuencialmente, los signos que podemos observar en los castaños afectados por el chancro serían los siguientes:

1. Aparición sobre los puntos de infección de parte de la corteza enrojecida, acompañada en general por procesos hipotróficos consistentes en marcados decrecimientos del diámetro como consecuencia de la lesión del cambium y grietas o fendas longitudinales sobre la corteza (foto 104).
2. Formación de masas de micelio afieltradas de color blanco bajo la corteza y en forma de abanico (foto 105).
3. Expansión del ataque alrededor del punto dañado bloqueando funcionalmente la actividad de la albura y provocando la seca de la parte distal de la copa. Proceso rápido de marchitamiento de las hojas sin separarse de las ramas (foto 106).

Foto 107. Rebrotes del «chancro».

Foto 108. Fructificaciones del «chancro».

Foto 109. Castañar afectado por «chancro».

4. Emisión de ramillas o rebrotes en la zona basal del punto atacado por el hongo *Cryphonectria parasitica* (foto 107).

5. Aparición de las fructificaciones picnídica y ascófora junto a las heridas o áreas afectadas por el chancro (foto 108).

Como forma de identificar la enfermedad en árboles de gran porte se correspondería con porciones de la copa (en mayor o menor intensidad) en las cuales aparecieran las hojas marchitas (foto 109).

4.1.2.3. Ciclo biológico (figura 4)

El hongo *Cryphonectria parasitica* es un parásito verdadero que se introduce en la planta huésped fundamentalmente a través de lesiones existentes en la corteza de las ramas de los árboles. Precisamente las heridas causadas por el granizo son muy favorables para la contaminación por parte de este hongo.

Ahora bien, la transmisión de la infección puede realizarse a través de las grietas o resquebrajaduras naturales de la corteza, debidas al crecimiento en grosor o a través de las inserciones de las ramas y de rebrotes jóvenes del castaño. Esta enfermedad puede atacar todas las partes aéreas de la planta, aunque el hongo se propaga y desarrolla principalmente en los tejidos particularmente afines a él como son la corteza viva, el cámbium y la albura.

Posterior a la instalación del hongo en el huésped y al final de un período de incubación (alrededor de 1-2 meses), se establece entre el agente patógeno y el árbol huésped complicadas relaciones de interacción. Precisamente de estas interacciones hongo/árbol dependerá el efectivo desarrollo de la enfermedad. El hongo, mediante una acción enzimática, degrada la lámina mediana y las paredes celulares destruyendo los tejidos del castaño, utilizando los jugos celulares como nutrientes para su desarrollo y crecimiento.

El castaño, por su parte, va a reaccionar y defenderse del ataque en diversos frentes. En primer lugar va a desempeñar una acción inhibidora sobre las enzimas producidas por *Cryphonectria parasitica* (MC. Carroll. o Thor), debido a complejos polifenólicos productores de taninos desnaturalizados que aparecen al inicio de la invasión del hongo. Además, la presencia del hongo en sí induce una producción activa de proteínas (quitinasas, gluconasas) provocando la desnaturalización del patógeno.

Finalmente, el árbol afectado tiende a impedir el avance del hongo formando una barrera de tejido calloso (tejido de reacción). Pero esta acción del vegetal la trata de contrarresta el patógeno segregando las toxinas *diaportina* y *schirina*, así como ácido oxálico, elemento relantizador en la cicatrización de las lesiones de la planta.

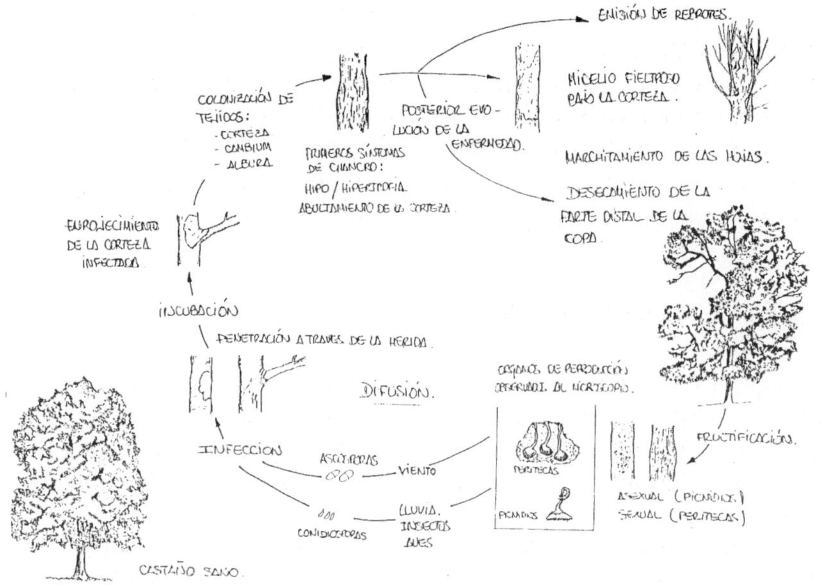

Fig. 4. Ciclo biológico: representación esquemática del ciclo biológico de *C. parasitica*.

Cuando la virulencia del patógeno es lo suficientemente fuerte para vencer los mecanismos de reacción de la planta, el hongo se extiende por los tejidos afectados y entonces se forman los característicos micelios afieltrados en forma de abanico y color inicial blanco. La acción destructiva de *Endothia* comienza en la corteza, obturando los conductos de la savia elaborada. Posteriormente es atacado el cambium y, cuando el avance de la enfermedad alcanza los anillos más externos de la albura, interrumpe el aprovisionamiento de savia bruta a la copa del árbol, lo que provoca la desecación y marchitamiento de ésta y la emisión de ramillas epicórmicas en la base de la zona afectada. El ciclo biológico del hongo finaliza con la producción de los cuerpos de fructificación y que son de dos tipos: los picnidios (fase asexuada) que darán lugar a los conidios; y las peritecas (fructificación sexuada) que contienen las ascas con las ascosporas.

Reproducción asexuada. En ella aparecen pústulas de color rojizo-anaranjado (picnidios), las cuales en condiciones adecuadas de temperatura y humedad, dan lugar a los típicos cirros en filamento viscosos de color anaranjado/amarillento que contienen los conidios (fotos 110, 111, 112 y 113).

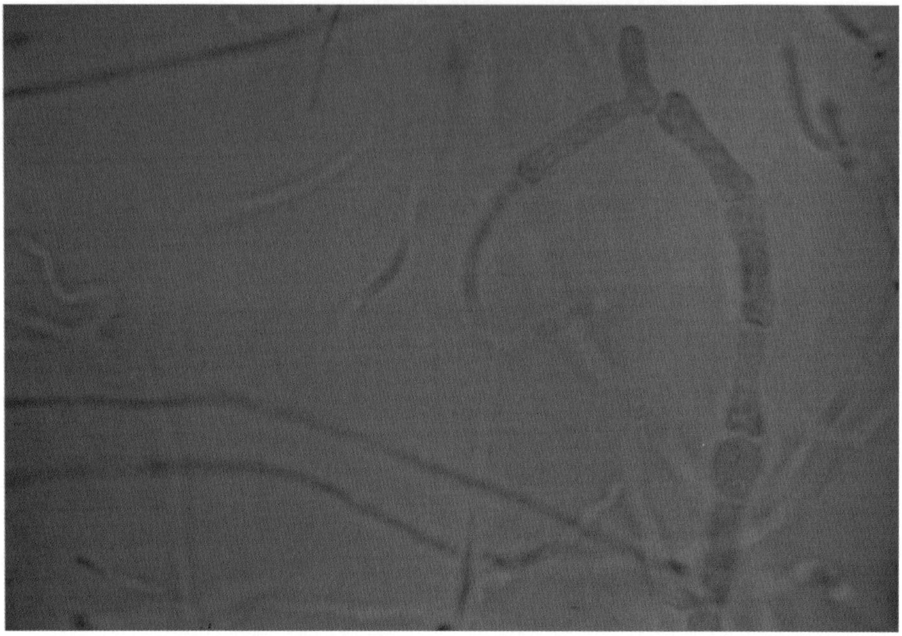

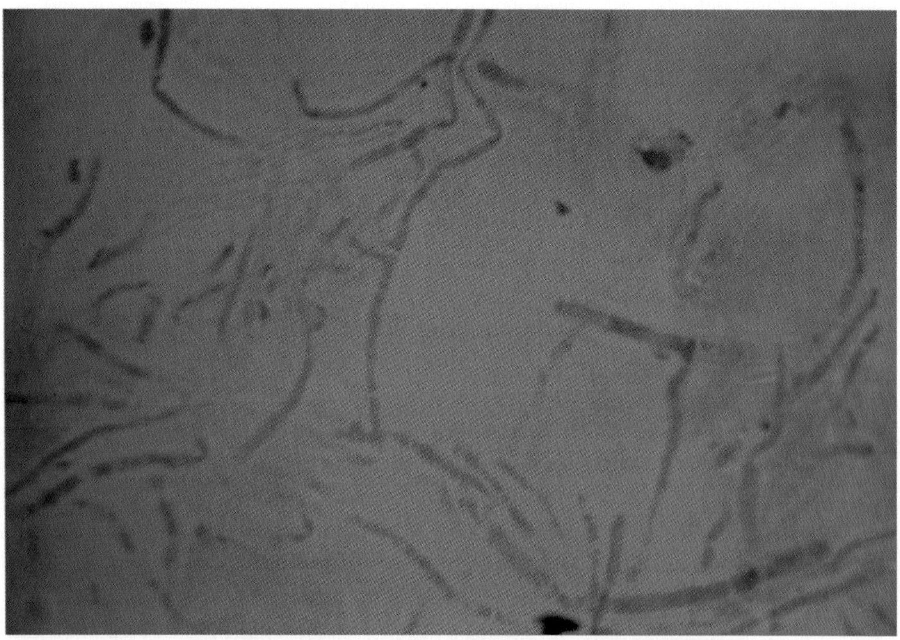

Fotos 110 y 111. Distintos aspectos del micelio tabicado del hongo.

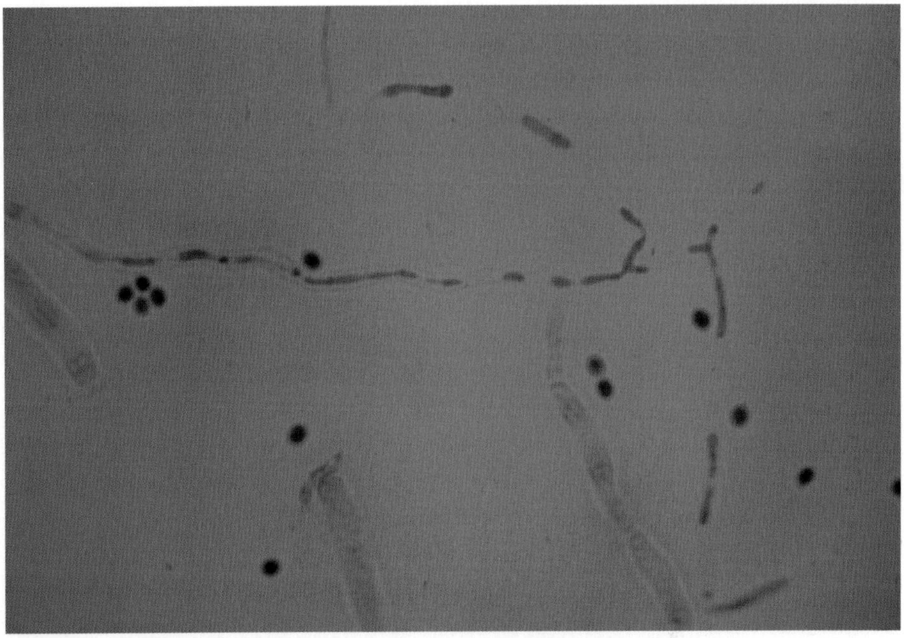

Foto 112. Distintos aspectos del micelio tabicado del hongo.

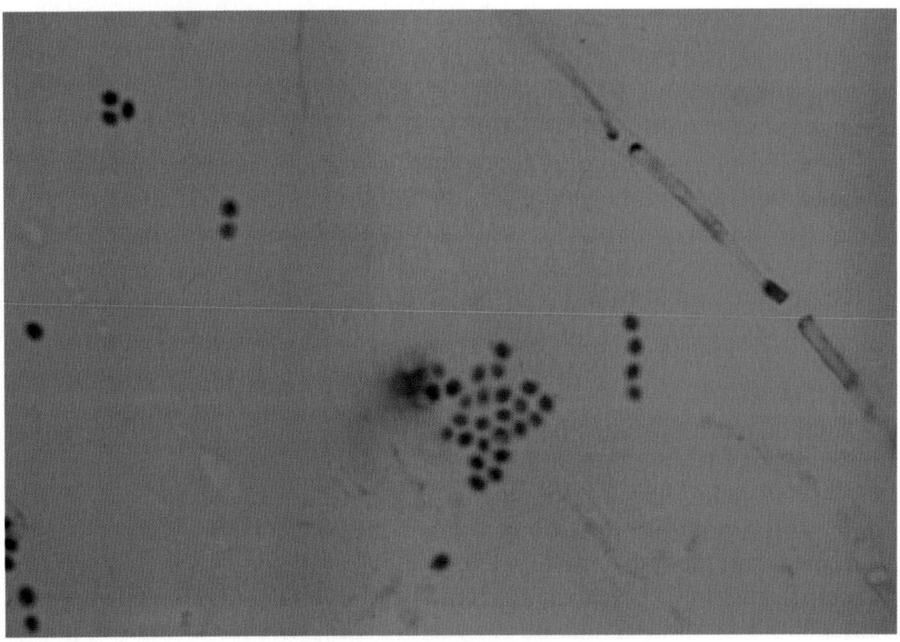

Fotos 112 y 113. Distintos aspectos del micelio tabicado del hongo.

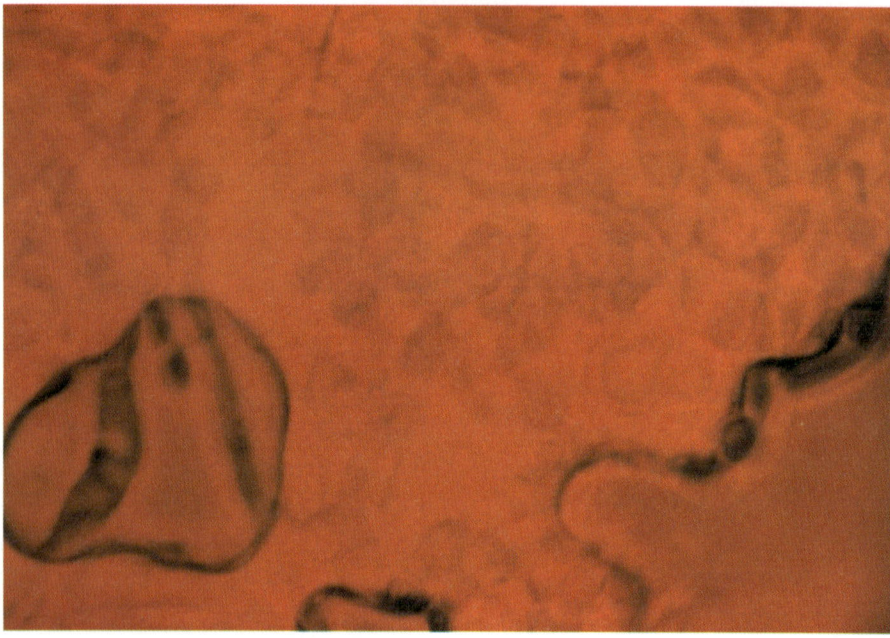

Foto 114. Peritecas de *C. parantica.*

La protección viscosa de este tipo de esporas impide una efectiva dispersión a través del viento. Por ello, se ha observado que los principales agentes de transporte de los conidios son los insectos, las aves y pequeños mamíferos. Asímismo, no podemos olvidar que también el agua puede contribuir a la propagación de los conidios, fundamentalmente en el transporte dentro de la planta, desde las zonas superiores de esta a las inferiores.

Reproducción sexuada. Corresponde a las peritecas, cuerpos de fructificación en forma de botella, englobados en una masa de estroma almohadillada de color amarillo-anaranjado que aparece a través de la corteza (fotos 114 y 115).

Cuando están maduras, las ascosporas se liberan por un dispositivo mecánico de expulsión que permite lanzar la espora a unos cuantos centímetros de distancia, introduciéndolas en la atmósfera. Las ascosporas tienen como misión principal difundirse a través del viento.

El hombre, moviendo material vegetal infectado de un sitio a otro y utilizando herramientas infectadas así como con el transporte directo de trozos de micelio o esporas, es uno de los vectores de esta enfermedad. El hongo puede desarrollarse o continuar su ciclo sobre los troncos y ramas del cas-

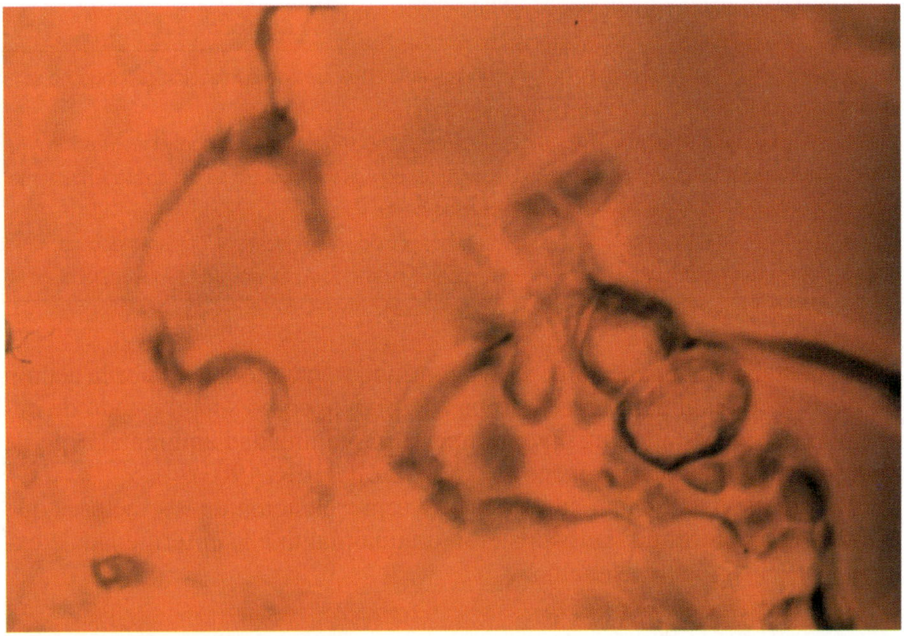

Foto 115. Peritecas de *C. parantica.*

taño debilitado (cortado, podado, afectado por el fuego), con tal que los tejidos presenten aún cierta humedad. Los estudios realizados en el monte han permitido observar la gran capacidad de esporulación (en general sólo aparición picnídica) del hongo, en condiciones de concluir su ciclo vital sobre las cortezas de plantas prácticamente muertas y, por lo tanto, sin posibilidad de oponer cualquier resistencia al ataque.

El proceso de un ataque de *Cryphonectria parasitica* dependerá de la interacción de diversos factores, como son la resistencia del propio castaño, la intensidad de la virulencia del patógeno, así como del poder de difusión en el área afectada por la enfermedad de las cepas menos agresivas del hongo (cepas hipovirulentas).

4.1.2.4. La resistencia al «chancro» en el género Castanea

BAZZIGHER (1963) describió la resistencia como la capacidad hereditaria (genotípica) de una planta para oponerse a una enfermedad. GRAVES (1950), en relación al chancro, subdivide las distintas especies de *Castanea* en cinco clases de resistencia, como sigue:

Clase	Especie	Definición
I	C. mollisima	Muy resistente. Después de la infección el hongo no se desarrolla
II	C. crenata	Resistente. Débil desarrollo del hongo y cicatrización.
III	C. pumila	Débilmente receptivo; el inóculo se desarrolla lentamente formando callo.
IV	C. sativa	Receptivo; el inóculo se desarrolla bastante deprisa.
V	C. dentata	Muy receptivo; el inóculo se desarrolla muy rápido.

Esta resistencia genotípica viene continuamente modulada por la acción de otros factores, internos o externos a la planta, como son el estado de desarrollo, edad y estado nutritivo, temperatura y humedad ambiental, tipo de suelo, agresividad del patógeno, etc. (BAZZIGHER, 1963).

La predisposición a la enfermedad y representación de los factores que concurren a determinar la disposicion de una planta a la enfermedad se exponen en el siguiente esquema:

Castaño	Factor ambiental	Patógeno
Estado nutricional.	Tipo de monte.	Virulencia
Edad/estado de desarrollo.	Temperatura ambiental.	
Lesiones en corteza.	Humedad ambiental.	
Resistencia genotípica.	Humedad edáfica.	
Caracteres hereditarios.	Tipo de suelo.	

BAZZIGHER (1981) ha encontrado relaciones relativas a la evolución de la dispersión de *Cryphonectria parasitica* en *C. sativa* con la temperatura, el medio, la edad de la herida y la edad de la parte de la planta atacada. Se conocen todavía relativamente poco sus mecanismos anatómicos y fisiológicos, así como sus principios genéticos que son la base del diferente grado de resistencia del género *Castanea* en lo que respecta a *Cryphonectria parasitica*, siendo un gran número los indicadores bioquímicos que pudieran estar asociados a este fenómeno.

NIEUSTAEDT (1953) señaló el diverso contenido en taninos como una de las principales causas de la diferente resistencia varietal del castaño. Según este autor, la resistencia de las diferentes especies de castaño no está tan relacionada con la concentración absoluta de taninos como con su tipología, siendo la porción de los hidrosolubles los que más intervienen en el carácter de resistencia de la planta.

Foto 116. Castaños jóvenes atacados por «chancro» con cepas hipovirulentas.

BAZZIGHER (1955) ha demostrado cómo *Cryphonectria parasitica* está en condiciones de utilizar los contenidos de los taninos en la corteza del castaño como base nutricional. El efecto estimulante o inhibidor producido por los contenidos de la célula invadida y destruida por el hongo representa un factor clave para la posibilidad de desarrollar una cierta resistencia por parte del castaño.

Otros investigadores consideran un papel importante en los mecanismos de resistencia la capacidad de variedades de castaños de inducir, en presencia del hongo, la producción de proteínas en condiciones de desnaturalizar al patógeno. Ninguna investigación ha podido, hasta ahora, estudiar en modo minucioso los mecanismos que son la base del carácter de la resistencia. Una consecuencia práctica fundamental de la presencia de los caracteres de resistencia frente a la enfermedad en la población del castaño es la posibilidad de seleccionar las variedades portadoras de estas características.

La hipovirulencia. Fué el patólogo italiano BIRAGUI, en el mismo castañar donde por primera vez fué encontrado el chancro, quien descubrió en 1950 la existencia de chancros anormales, que se caracterizaban por la siguiente sintomatología atípica (foto 116):

— Una acusada desecación de la zona más externa de la copa del árbol.

— Visible emisión de vástagos epicórmicos en la base de la herida producida por el hongo.

— Aparición de un claro abultamiento hipertrófico en las partes lesionadas.

— Formación de masas miceliares muy delgadas, en forma de abanico, y superficiales.

— Escasos cuerpos de fructificación de los picnidios y ausencia total de peritecas.

Este hecho fue atribuido, en principio, a un recurso de resistencia del castaño europeo (*C. sativa*).

Sin embargo, la extensión de estos síntomas a gran número de castaños genéticamente distintos entre sí, así como ubicados en las más dispares situaciones ambientales hicieron revisar tal hipótesis inicial e implicó de nuevo que BIRAGUI atribuyera la evolución favorable de la epidemia (al contrario que habia sucedido en los EE. UU. con el *C. dentata*, cuya expansión fué dramática para esta especie) a una pérdida de virulencia por parte del agente patógeno.

Estudios posteriores han confirmado ese comportamiento anómalo de las cepas fúngicas aisladas del chancro, produciendo asímismo un desarrollo atípico en los cultivos *in vitro*.

A diferencia de los aislamientos normales del hongo (cepas virulentas; foto 117) tales cepas, denominadas hipovirulentas (foto 118), están generalmente asociadas a caracteristicas morfológico-culturales anormales, con una coloración miceliar claramente blanquecina, en vez de la pigmentación rojiza del micelio, y con una escasa y esporádica producción picnídica.

La hipótesis de GRENTE y SAUSET (1969), según los cuales estas cepas fúngicas fueron reducidas en su capacidad patológica por la presencia en el citoplasma de un determinante infeccioso, fué confirmada por investigaciones realizadas en los EE. UU., lo que permitió asociar el carácter hipovirulento a la presencia en el citoplasma de segmentos de ácido ribonucleico de doble hélice (dsRNA), de probable origen viral (DAY y colaboradores, 1977; DODDS, 1978). Según el número de segmentos y el peso molecular del ácido ribonucleico de doble hélice (dsRNA) podrán variar los diversos grados de patogeneidad de los aislamientos del hongo (CHABRIAS, 1980; FULBRIGHT, 1984).

Una característica singular de las cepas hipovirulentas es la capacidad de transmitir de modo estable tal propiedad a las cepas virulentas, transformándolas en cepas hipovirulentas (GRENTE, 1968; ANAGNOSTAKIS y DAY, 1979). El paso del dsRNA se produce a través de la formación de anastomosis hifal (fusión de hifas) entre un micelio ya contagiado y uno sano. La fusión de la hifa es un mecanismo generalmente utilizado por la colonia fúngica como medio de adaptación al ambiente circundante, a través del cambio de sustancia nutritiva y de material citoplasmático.

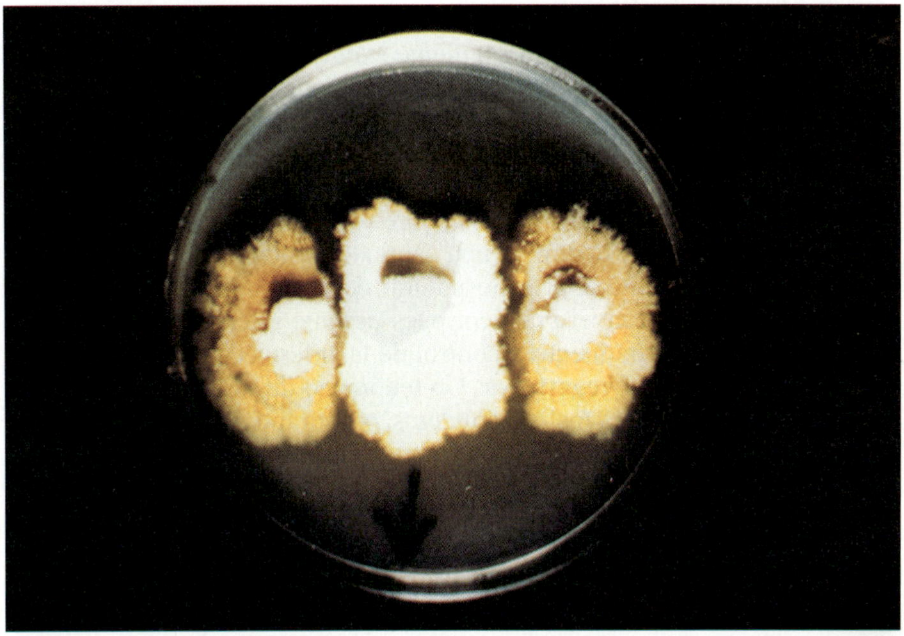

Foto 117. Cepas virulentas del hongo. M. Berrocal, 1993.

Foto 118. Cepas hipovirulentas del hongo. M. Berrocal, 1993.

Puesto que esta posibilidad de transmisión de la infección citoplasmática determina el contagio y la consiguiente exclusión del carácter virulento, el fenómeno ha sido denominado por GRENTE como «hipovirulencia contagiosa» o «hipovirulencia exclusiva».

Los procesos bioquímicos y metabólicos que son la base de la reducción patógena de las cepas hipovirulentas no han podido ser definidos con toda certeza, existiendo algunas hipótesis sobre el papel activo ejercido por la producción de parte del hongo de una cantidad de ácido oxálico. No debemos de olvidar que este fenómeno natural de la hipovirulencia tiene una enorme importancia a nivel práctico, pues permite intervenir mediante lucha biológica en el tratamiento y control de la enfermedad.

La compatibilidad vegetativa. Un fenómeno difundido entre los hongos y característicos para los Ascomicetos, y por tanto para *Cryphonectria parasitica*, es la compatibilidad vegetativa. Puede definirse como un mecanismo de defensa de los hongos en lo que respecta a eventuales infecciones genéticas debido tanto a material nuclear como citoplasmático, que se realiza reduciendo la posibilidad de transferir componentes celulares entre varias cepas fúngicas. Por lo tanto, la frecuencia y estabilidad de la anastomosis hifal depende del grado de compatibilidad vegetativa entre las cepas.

Cuando se produce la incompatibilidad vegetativa, la anastomosis hifal no se realiza o es muy inestable, a causa de la rápida degeneración de las células en la zona de contacto entre los micelios. En ensayos de laboratorio, con cápsulas Petri o tubos de ensayo, la incompatibilidad se manifiesta con la formación de una barrera en la zona de contacto entre micelios de dos hongos, normalmente asociada a una línea de fructificaciones. El fenómeno de la compatibilidad vegetativa tiene una importancia fundamental para la difusión natural en el bosque del contagio hipovirulento.

La presencia de numerosos grupos de compatibilidad puede representar uno de los mayores obstáculos a la transmisión espontánea del determinante infectivo al interior de la población de *Cryphonectria parasitica*.

Es difícil establecer de modo exhaustivo el número exacto de grupos de compatibilidad existentes en una determinada región. Es frecuente que no exista un límite concreto entre los distintos grupos de compatibilidad y a través de la reproducción sexual pueden aparecer combinaciones de alelos determinando grupos de compatibilidad hasta el momento inexistentes (ANAGNOSTAKIS, 1987; ZAMBONELLI, 1987).

En el cuadro adjunto se exponen el número de grupos de compatibilidad vegetativa (V-C) actualmente existentes en diversas partes del mundo:

Región	*Nº del grupo V-C*	*Auto*
U.S.A.	Almeno 106	ANAGNOSTAKIS, 1992 (comun.pers.).
Connecticut	Almeno 67	ANAGNOSTAKIS, 1981.
West Virginia	Almeno 37	DOUBLE y ROANE *et al.*, 1986.
Francia	Almeno 20	ANAGNOSTAKIS, 1981.
Italia	Almeno 9	ANAGNOSTAKIS, 1981.
Grecia	Almeno 1	ANAGNOSTAKIS, 1981.
Suiza	Almeno 22	BISSEGE y HEINIGER, 1992 (comun. pers.).
Italia	4 grupos	TURCHETTI, 1993. (comun. pers.).
España	E-1	BERROCAL y TURCHETTI, 1993 (comun. pers.).
España	E-2	BERROCAL, 1995 (comun. pers.).

En la anterior tabla se evidencia la mayor variabilidad relativa a la compatibilidad vegetativa de la población de *Cryphonectria parasitica* de los Estados Unidos respecto de la europea. Además, podría decirse, con bastante verisimilitud, que la introducción en un territorio de un nuevo grupo de compatibilidad equivaldría a la introducción de un nuevo patógeno. Finalmente, se hace constar que la existencia en la naturaleza de cepas de *Cryphonectria parasitica* compatibles a muchos grupos, denominadas «cepas-puente», permite que exista un potencial efectivo de posibles convertibilidades a la hipovirulencia un número mayor, respecto al límite teórico impuesto por los grupos de compatibilidad existente.

La conversión: V->H, V->INT->H. Medio de cultivo utilizado en las investigaciones de *Cryphonectria parasitica*. Cuando en laboratorio se colocan en unas placas-Petri el medio de cultivo adecuado de patata+dextrosa+agar+*Miotina*+*Biotina* (P.D.A.+m+b) a este hongo, y se realiza una siembra de cepas hipovirulentas en los extremos de las cajas y en el centro se depositan las muestras virulentas, dejándolas en estufa a 27 ºC, puede observarse si entran en contacto o no al cabo de un tiempo. Si se produce dicho contacto al crecer las cepas hipovirulentas y las virulentas, contactan asímismo los ácido ribonucleico de doble huso (dsRNA) del hongo, y transmiten la hipovirulencia a las cepas virulentas. Este hecho es el que se conoce por el nombre de «conversión»; es decir, una cepa «anormal» o hipovirulenta, convierte o transforma una cepa «normal» o virulenta en «anormal» o hipovirulenta. En las cápsulas Petri con cultivo del «chancro» del castaño se pueden diferenciar perfectamente por el colorido y aspecto que presentan, a qué tipo de cepa pertenecen:

— Micelio blanco: Cepa hipovirulenta (anormal).

— Micelio blanco-amarillo: Cepa intermedia.

— Micelio poco blanco, con un halo amarillo y puntos rojizos: Cepa virulenta (normal).

La difusión de la hipovirulencia. La fuerte difusión del contagio hipovirulento en los últimos años en todo el área del castaño no ha erradicado la presencia de *Cryphonectria parasitica* en su forma virulenta o normal. Sin embargo, lo que sí está sucediendo, y un ejemplo muy concreto se tiene en la zona de El Bierzo y Las Médulas (provincia de León), es que la enfermedad está muy relantizada y avanza lentamente. El control biológico de la enfermedad producida por *C. parasitica* a través del contagio con cepas hipovirulentas es un fenómeno muy dinámico y en constante evolución (BERROCAL, 1994).

Múltiples son los factores que intervienen en el grado de difusión de la hipovirulencia en el seno de la población de *C. parasitica*:

— El número de grupos de compatibilidad presentes en una determinada área.

— La presencia de aislamientos hipovirulentos de amplia convertibilidad (cepas-puente afines a diversos grupos de compatibilidad).

— La capacidad de difusión espontánea en el ambiente de los aislamientos hipovirulentos (esporulación).

— Estado de la masa vegetal (desarrollo, densidad, vitalidad y resistencia de los castaños).

Es de suma importancia la presencia de cepas de largo espectro de convertibilidad para la difusión espontánea en un territorio del contagio hipovirulento. Además del problema de incompatibilidad, el factor más importante que limita la difusión del contagio hipovirulento en la Naturaleza puede ser debido a la escasa producción de picnidios de las cepas anormales o hipovirulentas. En los ensayos de laboratorio realizados se pone claramente en evidencia la tendencia de las cepas contagiadas a no producir ascosporas y a producir menor número de picnidios (conidios) y de dimensiones más reducidas (foto 119) (BERROCAL, 1994).

Las cepas con una patogeneidad intermedia pueden estar bien indicadas para realizar un control biológico, ya que están en condiciones de producir naturalmente picnidios y de difundirse en el ambiente, evitándose el inconveniente de los aislamientos hipovirulentos puros (dificultades en esporular).

Si se logra que pase el dsRNA y, por tanto se consigan cepas hipovirulentas, ello ocasiona que los nuevos chancros en los castaños sean pequeños y cicatricen relativamente bien. Si realmente no están convertidos los chancros seguirán siendo grandes y mortales (de cepas virulentas), por lo que habrá que eliminarlos. La diferencia entre las cepas hipovirulentas (anormales) y las virulentas (normales) sólo es patológica y morfológica (externa) y, por ello, no existen diferencias en el micelio (observación al microscopio), ni en sus cuerpos de fructificación. Tampoco existe un índice concreto para deslindar ambos tipos; sin embargo, en algunos casos, se

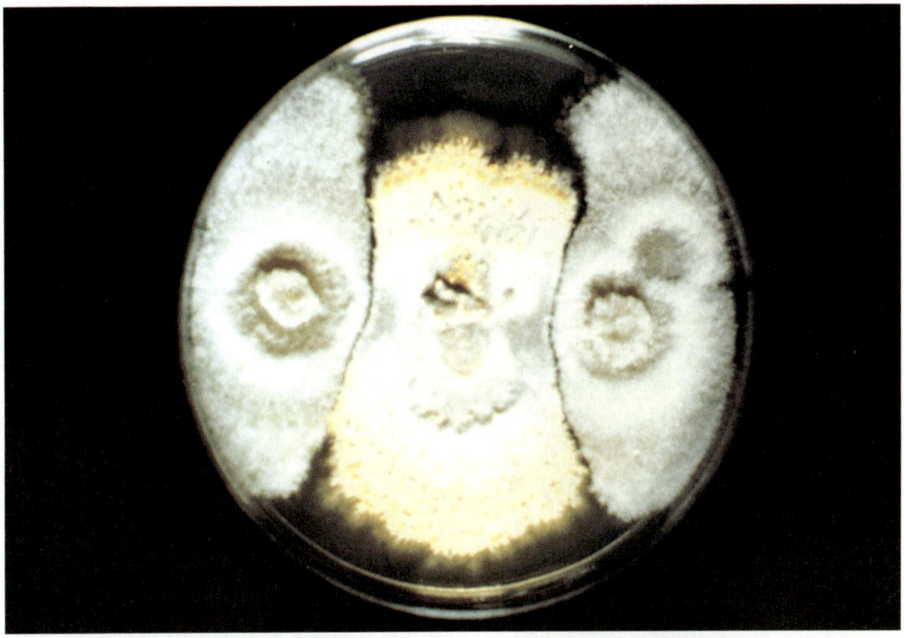

Foto 119. Contagio hipovirulento del hongo.

han observado diferencias en la cantidad de ácido oxálico entre unos y otros árboles afectados por uno u otro tipo de virulencia.

4.1.2.5. Diferentes tipos de chancro

En los castañares europeos afectados por *Cryphonectria parasitica* se pueden observar una amplia variedad de chancros. A la ya clásica y típica sintomatología descrita, debemos añadir los estados intermedios y aquellas lesiones superficiales que afectan únicamente a las zonas externas de la corteza. Es decisivo en esta diversidad el desarrollo efectivo de los diferentes ataques y la disposición a la enfermedad del complejo sistema patógeno-huésped.

Siguiendo la clasificación propuesta por TURCHETTI (1992), que creemos la más didáctica, se tiene las siguientes categorías principales:

1. Nueva infección: Chancros caracterizados por el enrojecimiento de la corteza afectada por la infección y en plena evolución; el posible desarrollo posterior de la enfermedad es muy difícil de preveer (fotos 120 y 121).

Foto 120. Nueva infección de «chancro».

Foto 121. Nueva infección de «chancro».

Foto 122.

Foto 123.

Foto 124.

Foto 125.

2. Chancros de evolución típica: Son aquellos que presentan la sintomatología típica ya descrita, en las cuales el hongo da lugar a numerosos estratos de micelio en forma de abanico. La extensión del ataque del hongo a la parte externa de la madera provoca la interrupción del flujo linfático y, por tanto, la muerte de la parte superior de la copa. Asímismo es corriente observar la aparición de un gran número de brotes vigorosos en la base de la infección (fotos 122 y 123).

3. Chancros de proceso atípico: En esta categoría se agrupan los chancros que presentan una sintomatología diferente respecto de la descrita anteriormente y que a menudo no llevan a la muerte de la parte atacada. En función del grado de patogeneidad del ataque estos chancros atípicos se subdividen en las sigientes subcategorías (foto 124):

3.1. *Chancros intermedios*: Inicialmente son similares a los chancros típicos, con ataques profundos. También con frecuencia se produce el anillamiento completo del punto de ataque, acompañado con abundantes vástagos en la base de la infección. Con frecuencia la parte superior de la copa no se seca, reanudando su estado vegetativo normal después de un periodo de sufrimiento. El punto de ataque presenta reacciones hipertróficas. Este tipo de chancro presenta un cierto grado de peligrosidad.

3.2. *Chancros cicatrizantes activos*: Presentan al inicio una tendencia a la cicatrización y al hinchamiento de la parte lesionada. La característica de este chancro es la presencia de avances activos y zonas de enrojecimiento de la corteza en los márgenes del ataque.

3.3. *Chancros cicatrizantes*: Chancros completamente cicatrizados, tupidos, de color negruzco y muy superficiales. El micelio permanece frecuentemente localizado en la parte externa de la corteza, lo cual da lugar a que el árbol no siempre reaccione con manifestaciones hipertróficas. Los tejidos de reacción de la planta confinan el hongo hacia el exterior, logrando en muchos casos su expulsión (foto 125). El micelio en general no produce ningún tipo de fructificación.

4.1.2.6. Prevención y control de los ataques de Cryphonectria parasitica

1. Medidas generales: En cuanto a las medidas fitosanitarias de control del chancro cortical a realizar, estarían las siguientes:

— Máxima reducción del número de chancros de evolución típica y mayor porcentaje posible de chancros del tipo cicatrizante.

— Constante presencia en campo de las cepas hipovirulentas.

— Minimización de la mortalidad, fundamentalmente en los castañares de fruto.

2. *Otras medidas:*

a) *Utilización de material resistente*: Desgraciadamente, en España, no se han realizado investigaciones para seleccionar material híbrido resistentes contra el chancro, siguiendo la línea magnífica de actuación que tan buenos resultados dió en la lucha contra la enfermedad de la «tinta», desarrollada fundamentalmente por VIEITEZ y URQUIJO. Sin embargo, esta línea acometida por otros países, tales como Suiza, obteniendo una selección de castaños aparentemente resistentes a chancro, de buen porte y productores de fruto de buena calidad denominados «clones de BAZZIGHER», representan una gran esperanza.

b) *Medidas higiénico-profilácticas*. Entre ellas encontramos la eliminación regular de residuos leñosos de castaño acumulados en el terreno proveniente de podas u otras medidas selvícolas sirviendo para la disminución de los inóculos virulentos de *C. parasitica*. Otra medida higiénica importante es la desinfección de los utensilios de corta. Puede realizarse con una solución de alcohol al 70%, en la cual se sumergen y desinfectan las partes cortantes de las herramientas utilizadas.

c) *Lucha biológica*. Introducción en el monte de aislamientos hipovirulentos de alto potencial curativo, previamente ensayados en laboratorio en función de su compatibilidad en las cepas presentes en la zona a tratar. TURCHETTI y MARESI (1990) sugirieron la utilización de una mezcla de aislados hipovirulentos de amplio espectro de convertibilidad, tanto con propósito preventivo como curativo. Esta posibilidad de poder disponer del mismo agente patógeno como factor biológico para contener la enfermedad evita introducir en el ambiente microorganismos antagonistas que en el futuro podrían perturbar el equilibrio existente. El control de la enfermedad con cepas hipovirulentas podría ser interesante allí donde la enfermedad está presente hasta el momento, como es en la zona española de El Bierzo (provincia de León; BERROCAL, 1993).

d) *Medidas legales protectoras*. Entre estas medidas se pueden citar las siguientes:

— Cuarentenas para evitar contagios o propagación de la enfermedad.
— Prohibiciones a las importaciones de planta, corteza o madera no descortezada de castaño.
— Certificados fitosanitarios.

3. *Tratamiento de los sotos de castaño:* Los ataques del chancro en estos castañares puede provocar grandes daños, arruinándolos, ya que la concentración de la producción se produce en pocos individuos (grandes espaciamientos); estos individuos son de alto valor (mucha edad y gran dimensión) y da lugar a una pérdida productiva de castañas. Un ejemplo claro lo tenemos en castañares afectados en el término municipal de Bembibre (provincia de León).

Foto 126. Injerto (véase cicatrización) (Toscana, Italia).

Se recomiendan los siguientes cuidados:

a) *Protección del injerto.* El injerto es una de las operaciones más delicadas en castañares con riesgo de ataques de «chancro», ya que constituyen una vía fácil de penetración. El micelio del hongo coloniza y provoca la muerte del tejido, impidiendo la cicatrización y unión de los vástagos. Es por tanto fundamental, para obtener éxito en los injertos, una protección eficaz y duradera del punto de unión entre los dos vástagos (el injerto y el porta injertos), que permita una rápida y perfecta cicatrización entre ambos (foto 126). Entre las medidas aconsejables podemos citar:

— Selección de porta injertos jóvenes y vigorosos: El vigor y el menor diámetro de los pies jóvenes (2-3 años) permiten una mejor y más rápida soldadura y cicatrización del injerto.

— Desinfección de las heridas debido a la preparación de los portainjertos: Esta poda debe ser lo más reduccida posible y realizar las desinfecciones que sean necesarias muy esmeradamente.

— Elección más apropiada de los tipos de injerto: Los más adecuados encajan en aquellos que no causan amplias heridas, como el injerto a canutillo, astilla o endidura plena. Esta operación debe ser realizada con esmero.

— Protección del punto o zona de injerto: Existen diversos métodos de protección, como son la aplicación de *mastics* u otros productos que contengan determinados fungicidas. Un producto eficaz que está dando buenos

Foto 127. Aspecto de un árbol con ramas puntisecas antes de la poda (Toscana, Italia).

Foto 128. Arboles podados adecuadamente (Toscana, Italia).

resultados en Italia y Suiza es un *mastic* con un aditivo biológico patentado (TURCHETTI, 1986) que actualmente puede encontrarse en el mercado. Este producto contiene una bacteria (*Bacillus subtilis ssp*) en condiciones de producir factores de crecimiento que estimulan la formación de tejidos de cicatrización, facilitando el prendimiento. Otro sistema consistiría en aplicar, tanto con fines preventivos como curativos, compresas de tierra en el punto de injerto. La técnica consiste en aplicar sobre este punto tierra extraída de los 5-10 primeros cm de suelo en la zona radical de un castaño y humedecida, sellando la compresa con cintas de polietileno.

— Eliminación de las partes no prendidas: Es una medida indispensable de profilaxis durante los 3-4 meses del injerto, ya que el fallo de dicho injerto obstaculiza el proceso normal de cicatrización.

b) *Protección de la herida de poda*. Las heridas originadas por podas, tanto de formación como de regeneración, así como la eliminación de rebrotes, constituyen una fuente de infección para los castaños de fruto. Resulta beneficioso reducir al mínimo la herida de poda del árbol, procediendo a la formación de la copa a partir de una corta edad. Finalmente debemos aconsejar la protección de la herida de poda de la posible penetración de parásitos (fotos 127, 128, 129, 130, 131 y 132).

Foto 129. Arboles podados adecuadamente (Toscana, Italia).

Foto 130. Ejecución de la poda del castaño (Toscana, Italia).

Foto 131. Castaños podados (Toscana, Italia).

Foto 132. Magnifico estado de castaños después del tratamiento de la poda (Toscana, Italia).

c) *Protección contra sucesivas infecciones.* Aquí se puede incluir, como una de las acciones más eficaces a largo plazo, el control de lucha biológica mediante la difusión del contagio hipovirulento en el interior del castañar. Por lo tanto, es necesario realizar todas las operaciones culturales con la precaución de salvaguardar los inóculos hipovirulentos. Esta se consigue mediante:

— Eliminación de los chancros típicos para reducir la presencia del inóculo virulento.
— Introducción en los sotos de chancros cicatrizantes (cepas hipovirulentas).
— Eliminación de ramas y ramillas afectadas, que son fuente peligrosa de infección.

Si las infecciones naturales de aislados hipovirulentos estuvieran presentes en número insuficientes, se puede proceder a inoculaciones artificiales. En cuanto a medidas curativas, la intervención se limita a la corta y destrucción de las partes de las cepas afectadas. Si el chancro afectase al tronco de árbol de interés especial (edad, grosor, etc.), la intervención curativa deberá tender a la eliminación del carácter virulento de la infección. Para ello puede utilizarse el tratamiento directo con cepas hipovirulentas curativas.

4. Tratamiento de Monte Bajo. En este tipo de monte se utilizan fundamentalmente las medidas de carácter preventivo para el control del «chancro». La pérdida de uno o varios rebrotes como consecuencia del ataque del hongo no compromete el futuro del cultivo, ya que se cuenta con la presencia de un número muy elevado de vástagos. La conversión a Monte Bajo de grandes superficies no es una práctica conveniente para el control biológico de la enfermedad, ya que a través de los cortes y eliminación completa del material vegetal existente se elimina en el medio tanto los inóculos virulentos como los hipovirulentos. Sin embargo, con la plantación masiva de barbados en el bosque (50-100 árboles/ha) portadores de chancro de patogeneidad media es posible garantizar una presencia adecuada de inóculo hipovirulento, incluso al inicio del turno de Monte Bajo.

4.1.2.7. Recientes investigaciones sobre el «chancro»

Las investigaciones actuales pretenden crear nuevas cepas hipovirulentas compatibles del «chancro».

Para ello BERROCAL y colaboradores siguieron la siguiente metodología, que resumimos:

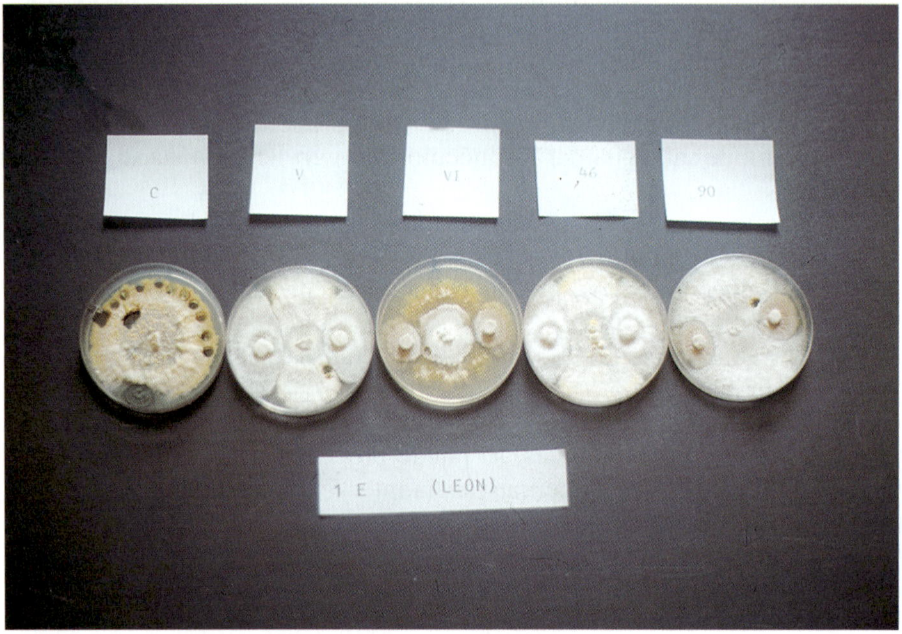

Foto 133. Ensayos de hipovirulencia. M. Berrocal, 1993.

Foto 134. Micelio del hongo sobre la corteza.

a) Aislamiento de la corteza de castaño (*C. sativa*) infectado con chancro (*C. parasitica)* procedente de El Bierzo y Las Médulas (provincia de León) y recogidas dichas muestras en el otoño de 1992.

b) Conversión de cinco cepas españolas: León-48VIR, Bembibre-27VIR, 28VIR(2), 30VIR-Alvárez de la Ribera y 31 Bierzo-VIR. Se hizo una siembra de cepas hipovirulentas italianas en los extremos de las cajas y, en el centro, se puso la muestra española virulenta. Después se sellaron las cajas con parafina (foto 133); se dejan en estufa a 27 ºC con el fin de ver si entran en contacto para que transmitan la hipovirulencia a las virulentas. En otras tres placas con P.D.A.+m+b se sembraron cinco trozos subcorticales (pequeños trocitos finos de madera obtenidos debajo de las zonas de la corteza con síntomas de chancro en las cuales se muestra el micelio del hongo observándose a simple vista) procedentes de parcelas de estudio en El Bierzo (provincia de León); las muestras se recogieron en Noviembre de 1992, procediendo de ramas distintas de un árbol enfermo de chancro (foto 134). Se procedió de la manera siguiente:

1. Se tomaron 8 tubos con el medio de cultivo preparado anteriormente correspondiente a las cantidades de 24 mL por tubo; se calientan en un recipiente con agua hirviendo.
2. Con los 8 tubos anteriores se vertieron su contenido en ocho cápsulas Petri asépticas, realizando la operación dentro de una cámara de flujo laminar.

Para conseguir la conversión V→H se tomaron dos cepas (31 y 28 de España), sembrando trozos de micelio de hongo hipovirulento (H1) obtenido en Italia, junto a los supuestos virulentos españoles (V).

Para el transplante se utilizaron las cepas españolas 48, 31, 1, 28, 28bis y 30. Se tomaron los tubos de ensayo con P.D.A.+m+b y se traspasaron a cápsulas de Petri asépticas dentro de la cámara de flujo laminar, depositando un pequeño trozo de micelio de las cápsulas españolas sobre las cápsulas con medio de cultivo virgen, procediendo al trasplante. Sólo se depositó una pequeña porción del aislado en el centro de cada cápsula Petri para, posteriormente, sellarlas con parafina y depositarlas en una estufa a 27ºC. Se observaron síntomas de compatibilidad ya que los bordes se interrelacionaron.

Para completar la conversión (virulenta → intermedia → hipovirulenta) con cuatro cepas italianas diferentes hipovirulentas y distinto contenido de DsRNA, 46, VI, V y 90 se tomaron 16 placas Petri con medio de cultivo solidificado y se eligieron las cepas españolas VIR-Inter, 28-Arancho, 28-Bianco, Bierzo-3 y Bierzo-1 (fotos 135 y 136). Se produjo la transformación o conversión de cepas virulentas o intermedias españolas con cepas hipovirulentas italianas, obteniéndose por primera vez cepas hipovirulentas italoespañolas.

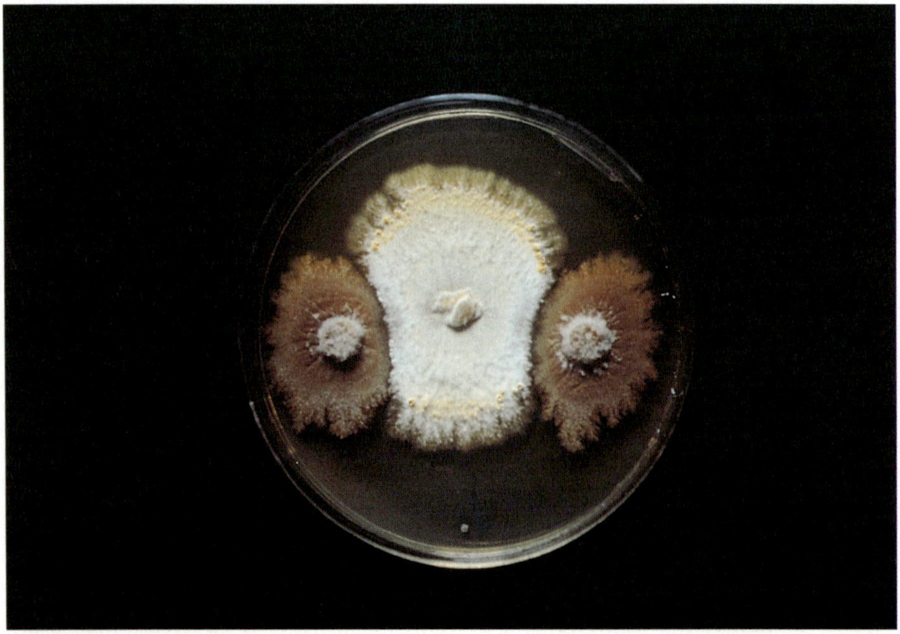

Fotos 135 y 136. **Ensayo de conversión. M. Berrocal, 1993.**

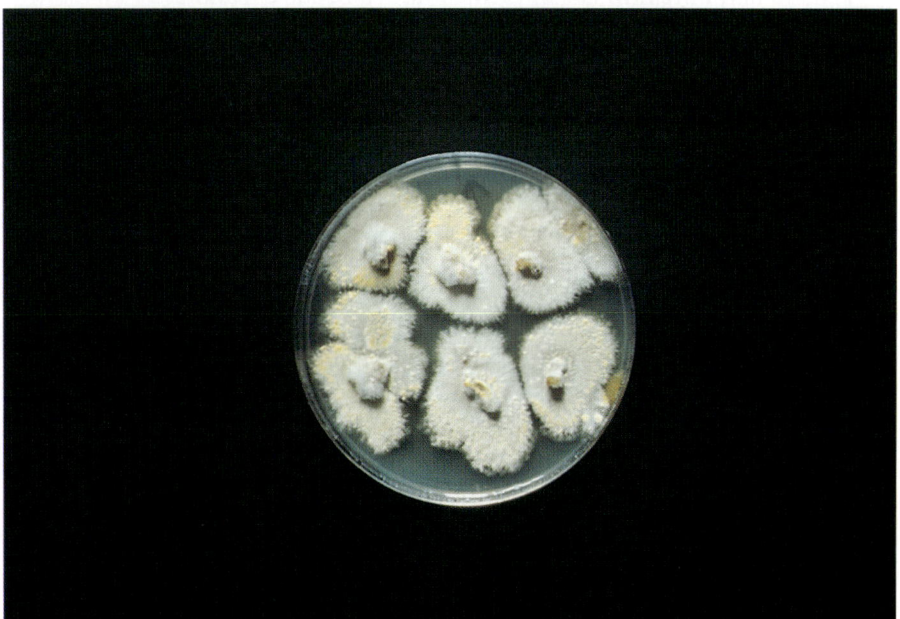

Fotos 137 y 138. Pruebas de compatibilidad. M. Berrocal, 1993.

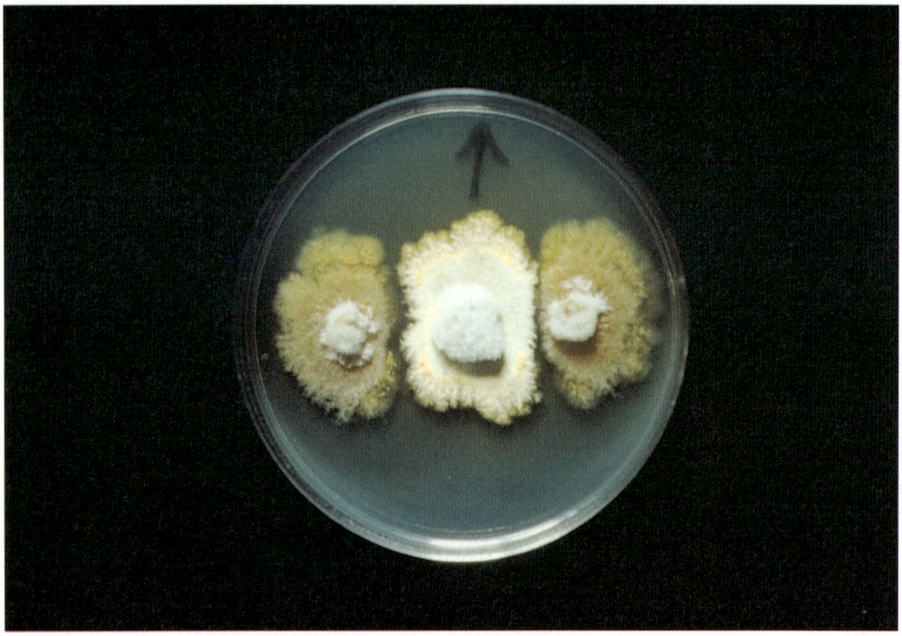

Foto 139. Ensayos de incompatibilidad. M. Berrocal, 1993.

Así, se han obtenido las siguientes nueve cepas españolas:

1. Bembibre VIR.-1 (León): 1E.
2. Alvarez 30 (Galicia): 2E.
3. Bierzo 1 Fabero (León): 3E.
4. Bierzo 2 Fabero (León): 4E.
5. Bierzo 3 Fabero (León): 5E.
6. Bierzo 4 Fabero (León) 6E
7. Las Médulas (León) 28-Bianco: 7E.
8. Las Médulas (León) 28-Arancho: 8E.
9. Carracedo 48 (Galicia): 9E.

Se comprobó la compatibilidad de *visu* entre los 9 aislados (fotos 137 y 138), lo cual indica que los grupos son homogéneos. Existe incompatibilidad (foto 139) cuando las hifas del micelio no se tocan al crecer, no crecen o aparecen picnidios rojizos en los bordes o límites de ambos.

Se comprobó el intercambio de citoplasma (traspaso de DsRNA). Para observar que continúa la convertibilidad se tomaron 18 tubos de ensayo en el medio de cultivo estándar utilizado normalmente para esta enfermedad y se traspasó su contenido a 18 Placas Petri en la cámara de flujo laminar. Se tomó de la cepa virulenta, en la zona cercana a las hipovirulentas, una porción pequeña, y se llevó a una cápsula-Petri con su medio de cultivo (fotos 140, 141 y 142). Se constató la convertibilidad.

Fotos 140 y 141. Control de convertibilidad. M. Berrocal, 1993.

Foto 142. Control de convertibilidad. M. Berrocal, 1993.

Foto 143. Compatibilidad de cepas italianas con cepas españolas. M. Berrocal, 1993.

Foto 144. Compatibilidad de cepas italianas con cepas españolas. M. Berrocal, 1993.

Para comprobar la compatibilidad de cepas españolas con las cepas italianas se tomaron cuatro cepas españolas y diez cepas italianas, representativas de todas las existentes, siguiendo la técnica estándar del grupo de *Firenze* (fotos 143 y 144). Las españolas fueron: Bierzo-1, Bembibre VIR-1, Alvares-30 y León-48; mientras que las italianas las numeramos del 1 al 10. Se colocaron dos placas Petri por cada cepa española. Como resultante se produjo un alto porcentaje compatibilidad.

Aislamiento del «chancro». Se levantó la corteza de la zona del chancro existente en castaños afectados en diversos lugares (y también en los bordes) hasta encontrar el duramen, observándose el micelio (decoloraciones oscuras alargadas). Se hicieron unas entalladuras con bisturí y, con unas pinzas flameadas al mechero *Bunsen* e introducidas en alcohol para desinfectarlas, se colocaron cinco trocitos pequeñitos de la madera (duramen) con el micelio de *Cryphonectria parasitica* en unas placas Petri con el medio de cultivo específico (foto 145); finalmente se sellaron con *parafilm* y se puso un texto de identificación con la fecha pertinente. Al poco tiempo (aproximadamente una hora) se observó alrededor de esos trocitos depositados unas decoloraciones de color castaño que se deben a los taninos del árbol. Se realizaron pruebas de convertibilidad de las cepas anteriormente ensayadas y, de las placas Petri, se tomaron muestras para observación al

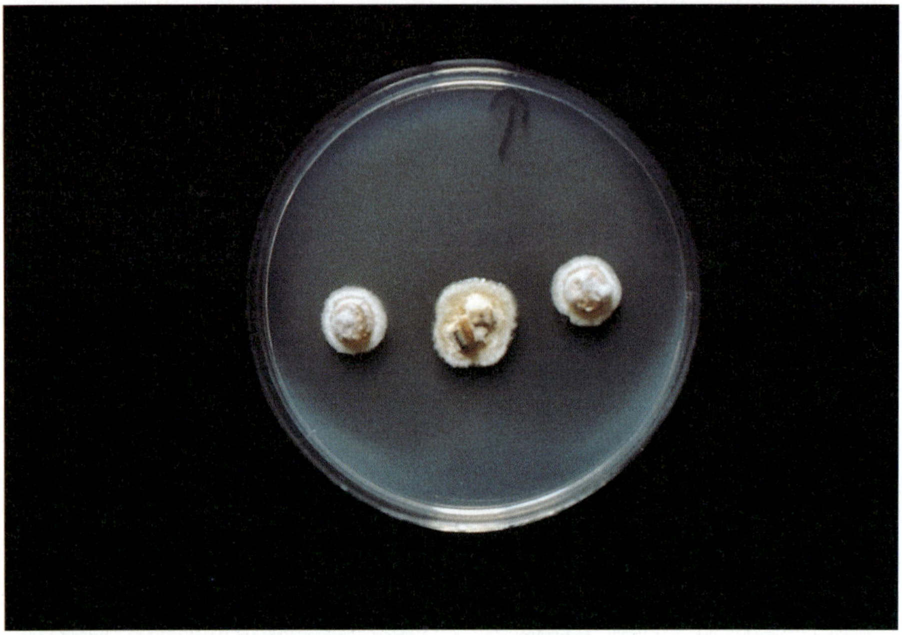

Foto 145. Aislamiento del «chancro». M. Berrocal, 1993.

microscopio, así como también de los trozos de castaño atacados. Con la lanceta o bisturí se cortaron superficialmente los picnidios que se observan en el cultivo y se trasladaron a un porta; se añadieron una gota de agua (o de azul de metileno) y se puso un cubre. Se observaron cirros de fructificación en algunas muestras (con aumento de x400 se vieron pequeñísimos conidios de 1-2 micras).

Para observar las hifas tabicadas del micelio del hongo se tomaron una porción del hongo con el medio de cultivo de una placa (P.D.A.+m+b) y se llevó directamente sobre el porta; se añadió una gota de agua y se cubrió, aplastándola, con un cubre. Se observaron típicas hifas tabicadas o segmentadas del micelio del hongo, estrechas y largas, con ramificaciones.

Trasplantes. Para comprobar si varían o no las cepas en el tiempo se prepararon, además, placas con las siguientes cepas seleccionadas con el fin de realizar inoculaciones en castaños de las parcelas de ensayo existentes en el Monte Esenario (Florencia, Italia). La parcela citada posee como especie dominante *Castanea sativa* más algunos pies de *Abies alba*, *Quercus cerris* y *Q. pubescens*. Se procedió a:

1. Reconocer, por los síntomas externos del árbol, los tres tipos de cepas del hongo productor del chancro: virulento, intermedio e hipovirulento.

Foto 146. Cepa intermedia.

Foto 147. Cepa hipovirulenta.

2. Inocular árboles sanos de distintas cepas (contenido en cápsulas Petri) del hongo correspondientes a muestras seleccionadas. Se seleccionó una cepa o tocón de castaño, con 10 a 12 renuevos, y en 10 vástagos se realizó la inoculación; a cada vástago se le inocularon tres dosis de cada cápsula Petri. Se levantó un círculo de corteza y madera, depositando otro círculo de micelio de hongo, y se tapó con ese círculo, sujetándolo con *celo*. Después, se identificó con la fecha, número y lugar a que corresponde la inoculación.

3. Posteriormente se realizó otra visita a la parcela de Monte Esenario para observar el ensayo de las inoculaciones realizadas y proceder a nuevas inoculaciones. Por los síntomas aparecidos en las zonas cercanas a las inoculaciones se dedujo que todas las cepas son claramente virulentas y el chancro será grave en el futuro.

4. Se realizaron inoculaciones en una parcela de Monte Bajo de castaños (fotos 146 y 147), en vástagos de 2 cepas, y se etiquetaron. La inoculación se realizó con la cepa *M+Simili* (que ha sufrido un cambio morfológico de virulento a hipovirulento).

Las conclusiones a las que se llegaron fueron (fotos 148, 149 y 150):

1.° Las cepas hipovirulentas italianas V, VI y 46 dieron lugar a la transformación en hipovirulentas de las las virulentas españolas.

Foto 148. Cepa virulenta.

Foto 149. Cepa intermedia.

2.° Las 9 españolas obtenidas (1E a 9E) son todas cepas virulentas, obteniendo un primer grupo de compatibilidad. Se puede decir que las 12 son convertibles.

3.° Otro grupo convertibles son las M+ o «M-più».

Ultimas investigaciones realizadas. BERROCAL y colaboradores han desarrollado un enorme y minucioso trabajo de investigación desde 1993, tanto en el campo, como en laboratorio. Los primeros resultados prácticos son los siguientes:

Se han delimitado las zonas concretas afectadas por el «chancro» en la comarca de El Bierzo y Las Médulas (provincia de León). Ello dió lugar a la conclusión que, de las diez parcelas ubicadas en áreas extratégicas del castaño sólo cuatro (Bembibre, Onamio y Las Médulas I y II) padecen específicamente esta enfermedad (foto 151).

— Se determinó en laboratorio los distintos tipos de cepas existentes en los árboles enfermos de las diferentes parcelas; se procedió al aislamiento y clasificación (virulentas, hipovirulentas e intermedias).

— Se aislaron cepas hipovirulentas cuya naturaleza ha sido confirmada a través de técnicas de electroforesis realizadas en el «*Centro di Studio per la Patología delle Specie Legnose Montane*» de *Firenze* (Italia) en colaboración con el equipo de TURCHETTI.

Foto 150. Infección de cepa.

Foto 151. Árbol afectado en parcela de ensayo; obsérvese la base de los brotes (El Bierzo, provincia de León).

— Se han realizado múltiples ensayos sobre la estabilidad y difusión de las cepas hipovirulentas encontradas (foto 152).

— Se han desarrollado pruebas de compatibilidad vegetativa para la caracterización de las poblaciones de las cepas virulentas del parásito. En los cuadros adjuntos se detallan las pruebas realizadas.

— En el monte quedaría por realizar la fase de aplicación final de la investigación: Inoculaciones artificiales de cepas hipovirulentas seleccionadas en las parcelas de ensayo o experimentales. Ya se dispone en cámara un segundo grupo de estas cepas que servirán para la experiencia, conjuntamente con el grupo E1 obtenido anteriormente.

Control biológico de la enfermedad del chancro: Obtención de cepas hipovirulentas. BERROCAL y colaboradores (en 1996) recogieron muestras procedentes de ramas y troncos de castaños afectados con distinto grado de intensidad de «chancro» en parcelas de Bembibre, Las Médulas y Onamio (provincia de León).

En Onamio la primera muestra (O1) tiene una apariencia hipovirulenta, en infección inicial, mientras que la segunda (O2) posee apariencia virulenta. En Bembibre la primera muestra (B1) procede de un árbol moribundo, así como la segunda (B2) de otro también moribundo. En Las Médulas,

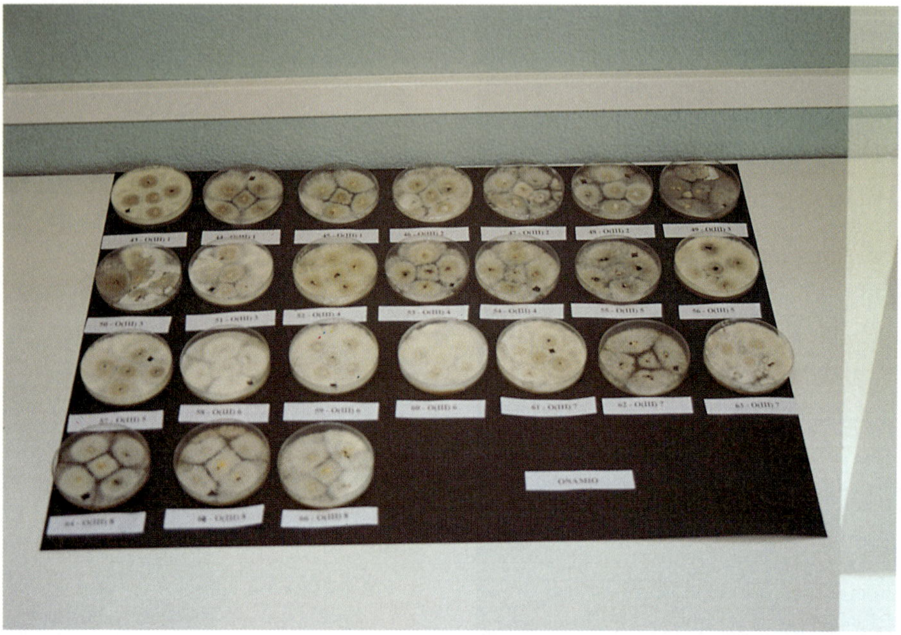

Foto 152. Ensayos de laboratorio en placas Petri del «chancro». M. Berrocal, 1993.

la primera muestra (M1) procede de la corteza de un árbol atacado probablemente con cepa hipovirulenta, mientras que la segunda (M2) procede de un árbol atacado probablemente por cepa intermedia.

Se procedió al aislado del hongo en el laboratorio tomando pequeños trozos de tejido subcortical y depositándolos en cápsulas Petri (con medio de cultivo A.D.P.+m+b); se hicieron resiembras para obtener cepas puras. Se identificaron los tipos de chancro (normal o virulento; intermedio; anormal o hipovirulento), obteniendo los siguientes resultados:

La muestra O1, con micelio de aspecto banquecino y sin pícnidos, parece que se trata de una infección inicial con desarrollo de la virulencia; la O2 es netamente virulenta, con micelio poco blanco y halo amarillo con pícnidos. La muestra B1 posee una virulencia intermedia, con micelio blanquecino, pícnidos con color anaranjado; la B2 es también virulenta, con micelio oscuro y halo anaranjado. La muestra M1 es hipovirulenta, con micelios blanquecino y escasos pícnidos anranjados; la M2 es intermedio, con micelio oscuro, con halo amarillento y, en algunas placas, producción de pícnidos.

Por tanto, BERROCAL y colaboradores confirmaron la presencia de la enfermedad en todas las parcelas muestreadas, con cepas virulentas con su característico color anaranjado, a veces intermedias; cabe la posibilidad de existir cepas hipovirulentas en Las Médulas. A partir de cepas hipovirulentas hispanoitalianas es posible obtener cepas hipovirulentas para aquéllas cepas virulentas y ensayar inoculaciones en el campo para comprobar la compatibilidad.

Se procedió a la realización de estudios de compatibilidad entre las muestras anteriores, combinando aislamientos de las parcelas de Bembibre, Las Médulas y Onamio, y obteniéndo BERROCAL y colaboradores los resultados que se expresan en las siguientes tablas (I: incompatible; C: compatible; ?: Intermedio, N.d.: sin datos):

Comp. 1	O1	O2	M1	M2	B1	B2
O1	N.d.	N.d.	C	I	C	I
O2	N.d.	N.d.	C	I	C	I
M1	?	C	N.d.	N.d.	I	I
M2	I	I	N.d.	N.d.	C	I
B1	C	C	C	C	N.d.	N.d.
B2	C	I	I	I	N.d.	N.d.

Comp. 2	O1	O2	M1	M2	B1	B2
O1	N.d.	N.d.	C	I	C	I
O2	N.d.	N.d.	C	I	C	?
M1	C	C	N.d.	N.d.	I	I
M2	I	I	N.d.	N.d.	C	I
B1	C	C	C	C	N.d.	N.d.
B2	?	I	I	I	N.d.	N.d.

Por tanto, se han obtenido casos de compatibilidad vegetativas entre diferentes cepas, sobre todo con la muestra B1.

En resumen, se puede afirmar que la enfermedad, que ya se había detectado de *visu* en las parcelas, se confirmó en el laboratorio, puesto que la presencia de cepas virulentas, aunque sea sólo en una muestra de cada parcela, es suficiente para hacer esta afirmación (fotos 153, 154, 155 y 156). Sin embargo, en colaboración con el equipo de TURCHETTI ha sido posible caracterizar cepas hipovirulentas procedentes de las tres parcelas de estudio, confirmándose por tanto la presencia del fenómeno de la hipovirulencia en las parcelas (fotos 157, 158, 159, 160, 161, 162, 163 y 164).

Resta por comprobar el control de la enfermedad en el campo (en Monte Bajo y ramas jóvenes para un fácil control de la experimentación, caso que la respuesta sea extraña), para lo cual se necesita la autorización de la Junta de Castilla y León considerándose fundamental para el control efectivo del ‘chancro» en diversas comarcas castañeras castelloleonesas.

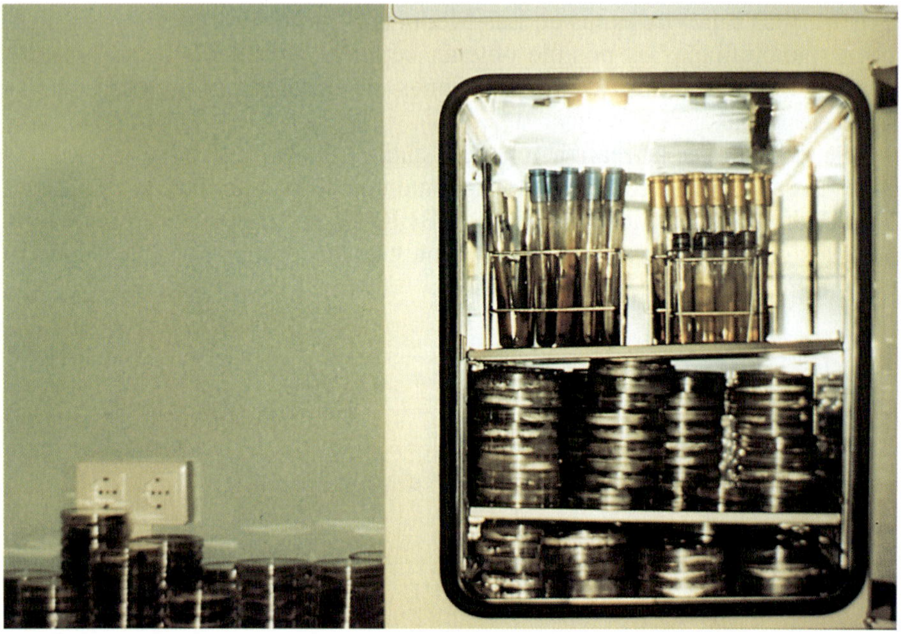

Foto 153. Estufa de cultivo con placas y tubos de ensayo.

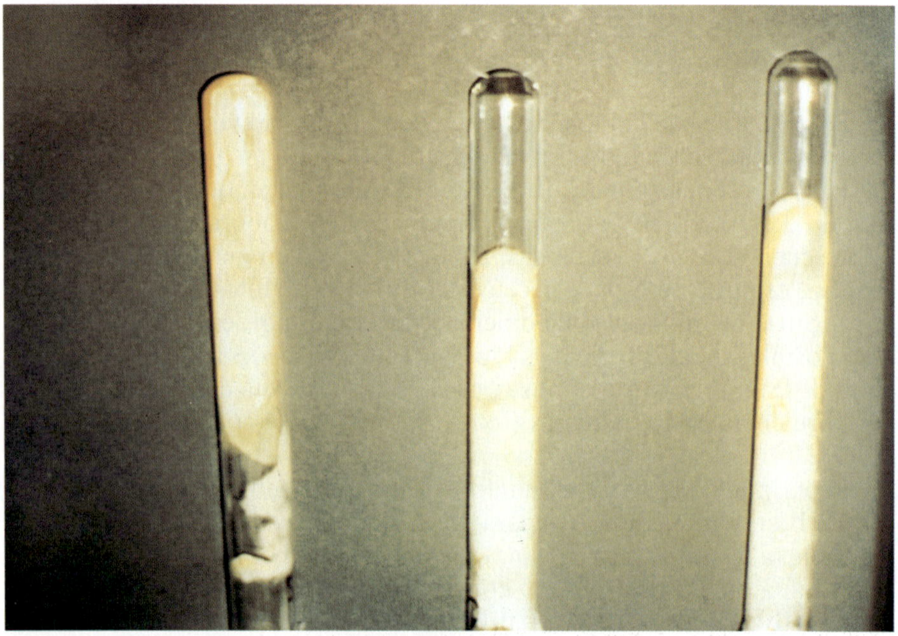

Foto 154. Tubos de ensayo con cepas de distintas características.

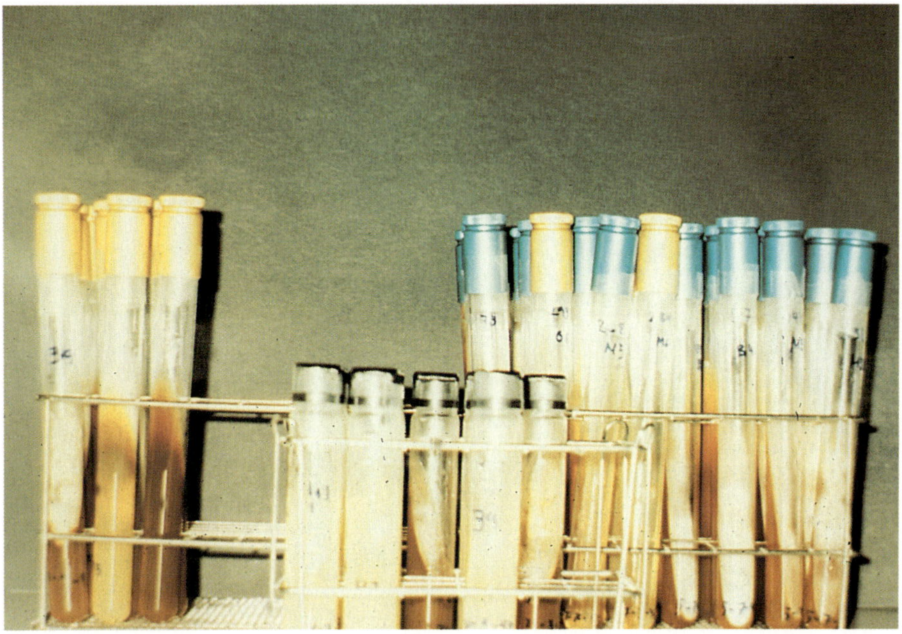

Foto 155. Colección de tubos de ensayo conteniendo cepas virulentas, intermedias e hipovirulentas.

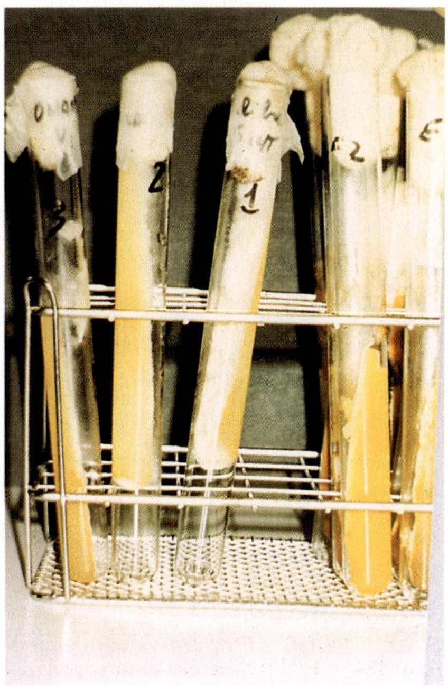

Foto 156. Cepas de chancro procedentes de Onamio y Bembibre (El Bierzo, provincia de León).

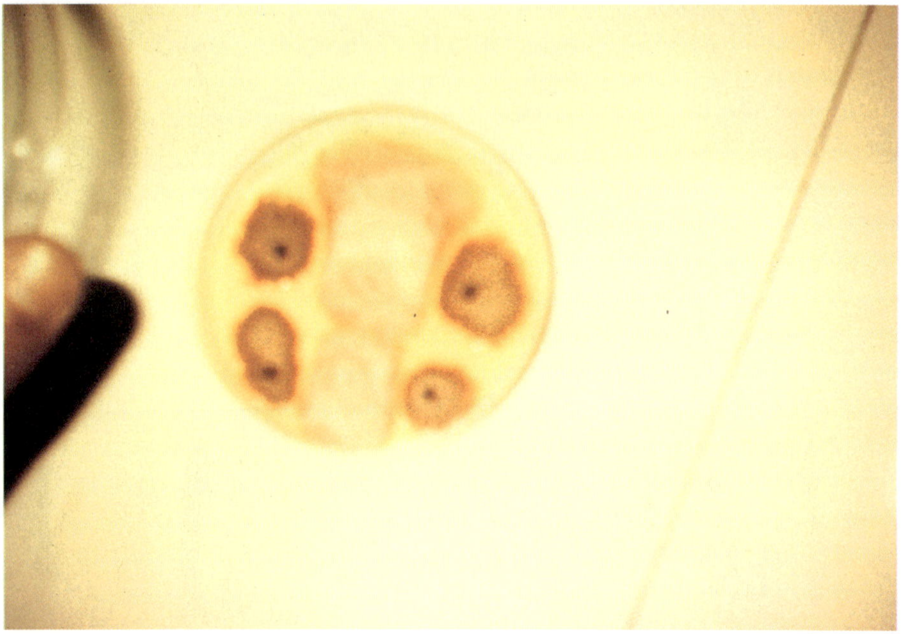

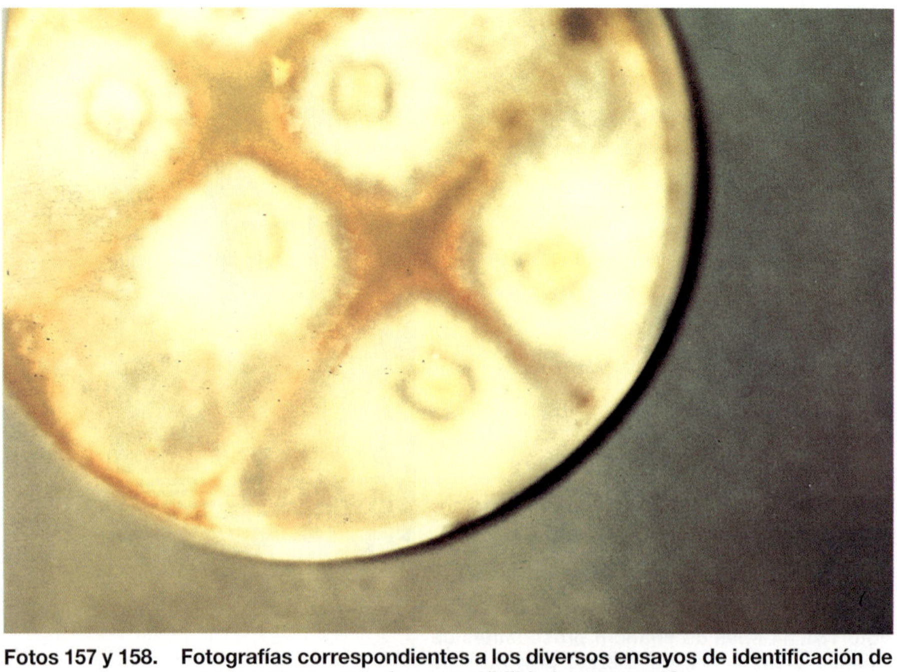

Fotos 157 y 158. **Fotografías correspondientes a los diversos ensayos de identificación de cepas en ensayos de compatibilidad y conversión.**

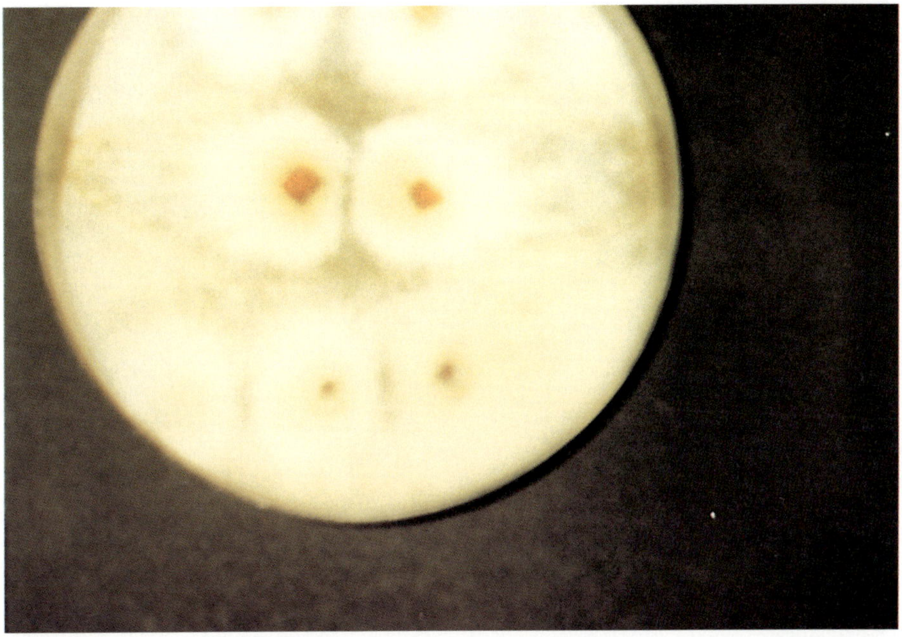

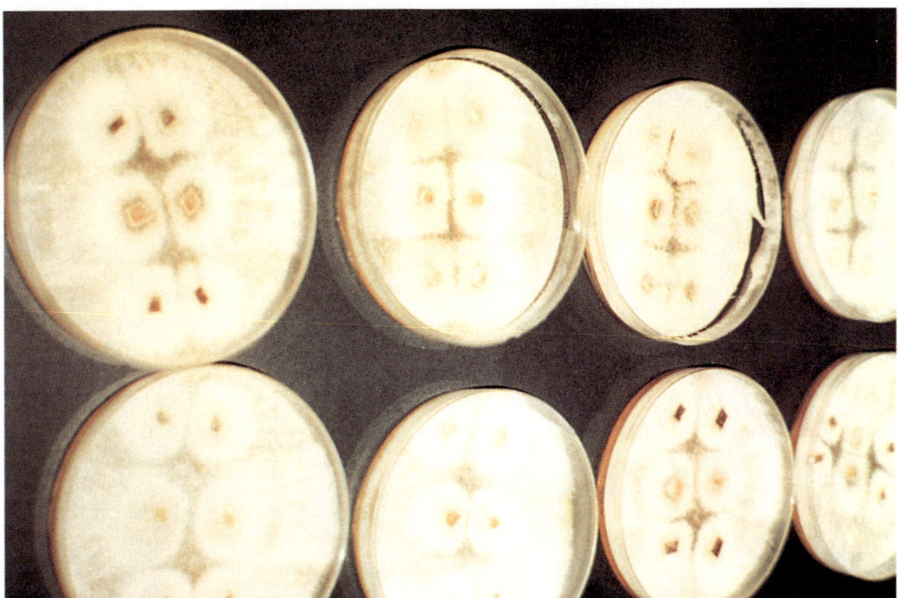

Fotos 159 y 160. **Fotografías correspondientes a los diversos ensayos de identificación de cepas en ensayos de compatibilidad y conversión.**

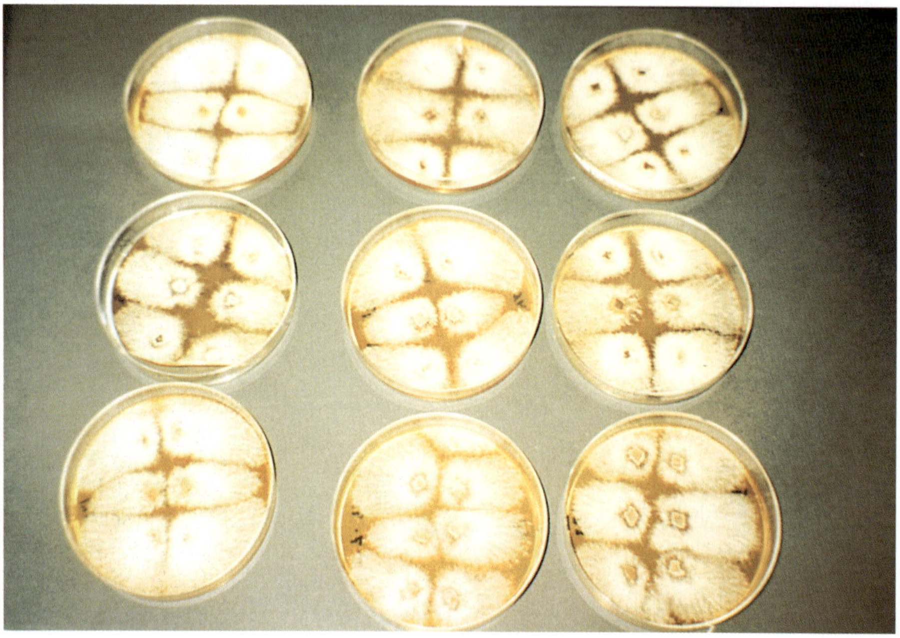

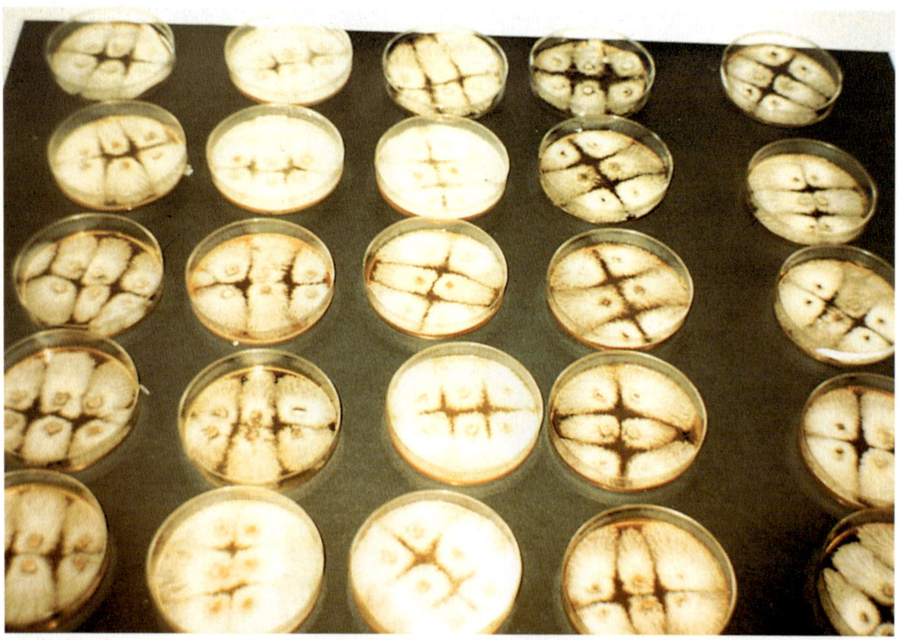

Fotos 161 y 162. **Fotografías correspondientes a los diversos ensayos de identificación de cepas en ensayos de compatibilidad y conversión.**

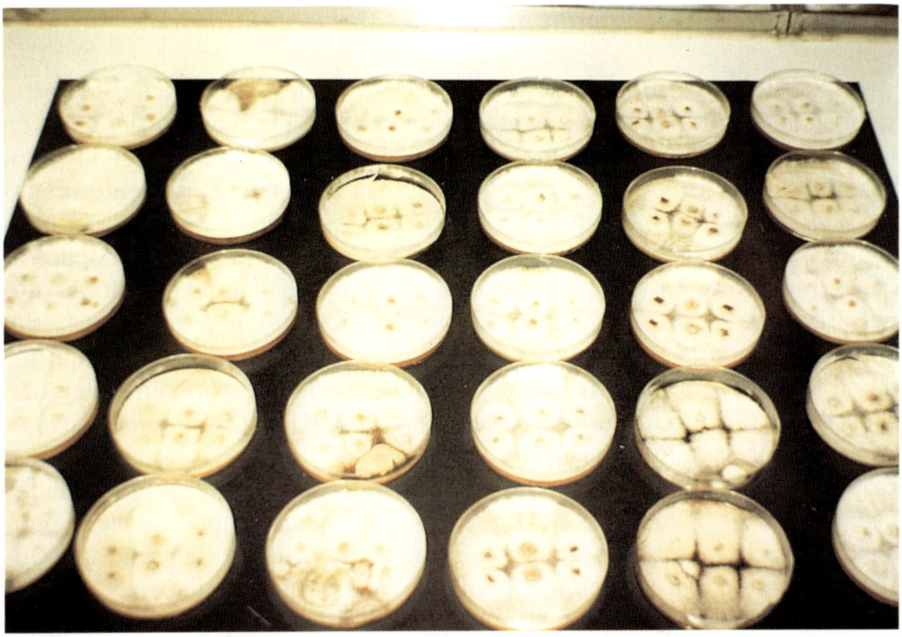

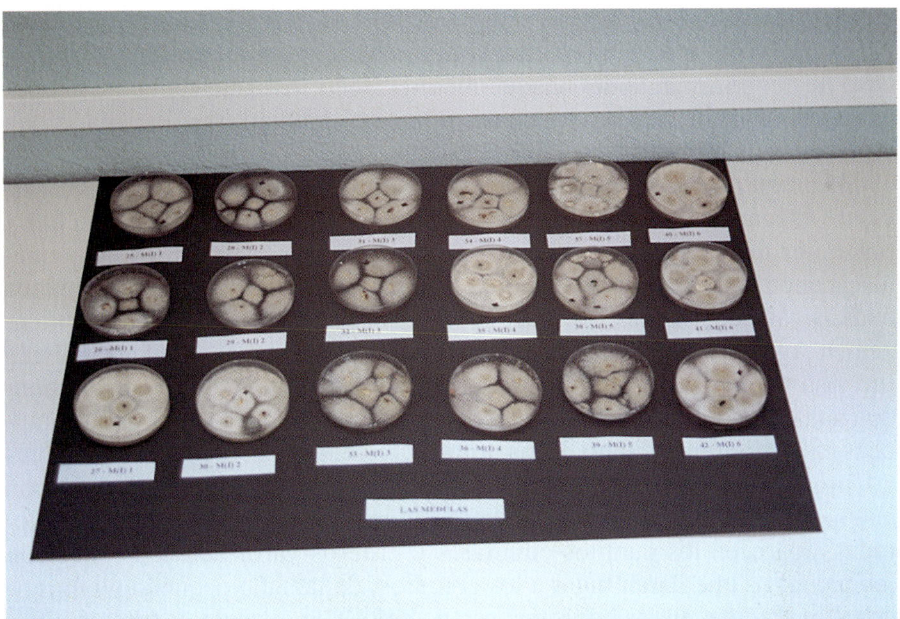

Fotos 163 y 164. **Fotografías correspondientes a los diversos ensayos de identificación de cepas en ensayos de compatibilidad y conversión.**

4.1.3. Otras enfermedades de carácter secundario

Los patógenos que se describirán a continuación causan daños de poca importancia a los castaños, salvo en circunstancias muy particulares en que aparecen con una virulencia muy exacerbada. En general coadyuvan al debilitamiento de los árboles haciéndoles más sensibles a enfermedades peligrosas como la «tinta» o el «chancro», siendo también los causantes de acelerar la muerte natural de pies aislados, ya sea por condiciones del medio o por su vejez. En ocasiones aprovechan, el debilitamiento del árbol provocado por plagas e insectos colaborando a su destrucción. En las plantaciones jóvenes y en viveros se realizan tratamientos químicos a base de Cobre en forma de oxicloruro, aunque también funcionan bien fungicidas de la familia de los bencimidazoles (*Benomilo, Carbendazima)* por su fácil penetración en las hojas. En los últimos años han existido diversas opiniones relativas a la muerte masiva de determinadas especies (tales como castaños, encinas, robles, alcornoques, etc.), pensando que dicha muerte no depende única y exclusivamente de una enfermedad, sino a la aparición conjunta de varios factores que provocan sobre las masas el denominado *stress.* Esta situación puede originar las condiciones propicias para que un determinado patógeno desarrolle un proceso capaz de acabar con la vida de las especies afectadas. Como ejemplo característico podría citarse el famoso y temido síndrome de la «seca de la encina», el cual encaja perfectamente en el fenómeno o proceso de debilitamiento del bosque mediterráneo. Afortunadamente la época de sequía reiterada ha desaparecido por el momento en España y, con ello, el *stress* hídrico.

***Microsphaerella maculiformis* (Persoon) Schroet.-** Llamada vulgarmente «socarrina» de las hojas del castaño o enfermedad de las manchas y marchitez de las hojas, se caracteriza porque las hojas se cubren de pequeñas manchitas pardas con el borde amarillento. Posteriormente aparecen unas zonas decoloradas con pequeños puntitos negros. Los daños comienzan en Agosto y provocan la caída prematura de las hojas. Si el año ha sido lluvioso y templado la defoliación puede ser temprana y muy intensa, siendo capaz de ocasionar el aborto de los frutos. En las superficies de las manchas existentes en el limbo de las hojas se forman los acérvulos de este hongo, produciendo gran cantidad de conidios con tres tabiques y, a veces, con cuatro; posteriormente, en áreas de forma más o menos irregular y decoloradas, aparecen los puntitos circulares y gruesos ya mencionados que son los picnidios que darán lugar a los conidios, de tamaño pequeño y cilíndricos. Finalmente, en las hojas de castaño caídas en el suelo, y durante el invierno, se formarán las peritecas, que darán lugar a las ascas conteniendo cada una ocho ascosporas tabicadas.

Fotoss 165 y 166. Síntomas de la enfermedad foliar producido por el hongo *Microsphaerella maculiformis*.

Un tratamiento sencillo, práctico y barato en los castañares de fruto, consiste en la recogida y quema de hojas caídas al suelo, al final del período vegetativo, evitando así la formación de esporas de propagación de la enfermedad en la primavera siguiente (fotos 165 y 166).

***Corineum modonium* (Tul) Griffon y Monblanc.** La enfermedad producida por este hongo se la conoce como la «peste» del castaño. El principal síntoma consiste en la aparición de pequeñas fisuras o grietas con manchas negras en la corteza, por donde salen los cuerpos de fructificación. Lo más frecuente es que aparezcan en ramas y ramillas, así como en fustes de plantas jóvenes, aunque puede existir dichos síntomas característicos en pies adultos. En Galicia, donde este patógeno es frecuente en plantaciones de castaños híbridos, ha destruido alguna plantación. Se supone la existencia de alguna relación entre las condiciones climáticas y el manejo en vivero. Según observaciones y comprobación posterior en la comarca de El Bierzo (provincia de León) por BERROCAL y colaboradores, puede aparecer sobre ramas, ramillas y troncos de castaños jóvenes.

***Armillariella mellea* (Vahl. in Fl. Dan. ex Fr.) Karst.** Es un hongo polífago que afecta a diversas especies forestales y frutícolas, siendo muy peligroso en diversas condiciones de suelo y clima. Sus cuerpos de fructificación tienen forma de seta del color de la miel, presentando sus pies un anillo. Estos carpóforos aparecen agrupados junto a los castaños enfermos o en sus proximidades. Para la especie *C. sativa* no suele presentar virulencia acusada, salvo en casos determinados, en que la materia orgánica del suelo y la humedad son excesivos. Producido el ataque, la infección avanza rápidamente hasta matar el árbol y, además, ofrecen la dificultad de que tardan cierto tiempo en hacerse patentes los daños. Sólo a medida que las raíces van siendo destruidas, las copas empiezan a acusar esos daños.No obstante, a partir de cierto momento, la infección avanza rápidamente hasta matar el árbol.

Un tratamiento sería la aplicación o inyección líquida de *Cubiet* al 50% sobre el suelo, cuello de raíz y raíces de los castaños afectados.

***Cytospora chrysosperma* (Persoon) Fr.** Parasita generalmente a especies de la familia de las salicáceas, indicando un debilitamiento del arbolado por cualquier causa, pero no es difícil verlo en castaños deteriorados y enfermos. Se desarrolla debajo de la corteza y su sintomatología es muy característica debido al color rojo-anaranjado de las agrupaciones de esporas (conidios); estos cirros proceden de los picnidios corticales.

Se evita la aparición de esta parásito impidiendo el encharcamiento de los viveros y plantaciones de los castaños.

***Hypoxylon mediterraneum* (Dntrs) Ces. Et. Dntrs.** Es un hongo bastante investigado debido a los daños que ha provocado en encinas y alcornoques, sobre todo en Extremadura y Andalucía. Puede atacar al castaño y a otras especies forestales con distinta intensidad. Penetra en el castaño aprovechando heridas existentes en la corteza (grietas, fendas, etc.), utilizando la lluvia y el viento como vehículo de propagación de las esporas, así como las herramientas de corte impregnadas de micelio utilizadas para podas y otras labores. La sintomatología característica de este hongo son las costras carbonosas de color negro que se encuentran en los castaños muertos o muy afectados, que corresponde al estroma fúngico en cuya superficie aparecen las peritecas incrustradas en el estroma, encontrándose en su interior las ascas. Dichas placas carbonosas se han encontrado en troncos y ramas de todos los diámetros, apareciendo también en ramas delgadas.

***Valsa ceratophora* Tul.Et C. Tul.** Suele infectar troncos de castaños jóvenes con la corteza todavía lisa, no habiéndose localizado en ramas. La corteza se desprende dejando al descubierto una madera ennegrecida con grietas en tiempo seco; en cambio, cuando el tiempo es húmedo, aparecen tonalidades rojizas en zonas con la corteza aparentemente en buen estado. En la madera obscurecida se observan protuberancias que corresponden a los cuerpos de fructificación.

4.1.4. Hongos saprófitos

A continuación se exponen aquellos hongos de tipo saprofítico más corrientes que aparecen sobre los restos de los castaños muertos y moribundos.

Hay que tener en cuenta que la mayoría de estos hongos actúan de forma secundaria, cuando el castaño está moribundo o, incluso, ha muerto por otros ataques primarios. Si existe la posibilidad de poder salvar el árbol, cuando aparezcan los carpóforos de los distintos hongos que se mencionan en troncos y ramas del castaño, se cortarán dichos cuerpos de fructificación con un hacha, destruyéndolos y aplicando mediante un brocha a la herida oxicloruro de Cobre (al 17.5%) más *Zineb* (al 7%) en polvo mojable disuelto en agua.

***Stereum hirsutum* (Willd. ex Fr.) S. F. Gray.** Está ampliamente extendido por todos los castañares formando costras delgadas, redondeadas y onduladas en forma de concha, color amarillo grisáceo acompañado de tonos verdosos, agrupados, con la parte superior del carpóforo llena de pelos rígidos. Cara himenial lisa, amarillo anaranjado, que con el tiempo se vuelve grisáceo.

***Schizophyllum commune* Fr. ex Fr.** Es común en árboles en proceso de destrucción con cuerpos de fructificación blanco grisáceo en estado seco, y gris-pardusco cuando está húmedo, formando sombreretes salien-

Foto 167. Daños provocados por el hongo *Schizophyllum commune* (Trabazos, Zamora).

tes. La superficie es tomentosa y el himenio posee laminillas bifurcadas (foto 167).

***Fistulina hepática* Schaeffer ex Fries.** Tiene el carpóforo carnoso y viscoso en forma de lengua, color rojizo intenso como el del hígado. Suele aparecer en la base de castaños viejos y en las raíces que sobresalen del suelo. Al cortar la seta, segrega un líquido parecido a la sangre.

***Fomes fomentarius* (Linné ex Fr.) Fr.** Muy común en especies arbóreas forestales que, con su protuberancia, se adhiere al árbol en forma de pezuña o casco de caballo, con la parte superior lisa, adornado de burletes concéntricos de distintos colores que van desde el gris ceniza, hasta amarillo claro. Himenio de color ferruginoso formando infinidad de tubos y poros. Se le encuentra en cualquier época del año formando pudriciones blancas de la madera.

***Trametes versicolor* (L. ex Fr.) Pilát.** Fácil de encontrar durante todo el año siempre que exista humedad sobre madera de diversas especies forestales, entre ellas el castaño, formando grupos de sombreros semicirculares coriáceos y leñosos adosados a la madera de colores diferentes, que van desde el pardo negruzco al blanco, y del marrón rojizo, al ocre. Himenio color crema, amarilleando con la edad, poros pequeños y redondos.

***Peniophora quercinea* (Pers. ex Fr.) Cooke.** Forma placas o costras de varios centímetros alrededor de los troncos, ramas y ramillas muertas de castaño, roble, haya y otras especies del género *Quercus*. Color gris violeta a rosa-pardo, que al secarse se despega del sustrato, curvándose. Se ha visto este hongo en numerosas ramas y ramillas muertas por el «chancro» del castaño en El Bierzo (León).

***Ganoderma lucidum* (Fr) P. Karst.** Sombrero coriáceo de 5 a 20 centímetros de diámetro, color caoba barnizado con forma de riñón, con un pie largo y cilíndrico. Aparece sobre tocones y raíces muertas y enterradas de castaños, hayas y robles. Se observa en numerosos castaños muertos por la «tinta».

***Laetiporus sulphureus* (Bull. ex Fr.) Murriel.** Forma sombreros en forma de abanicos ondulados de color amarillo-anaranjado en los ejemplares jóvenes, perdiendo ese color con la edad. Aparece en otoño en troncos de castaño muertos o moribundos; también sobre hayas, robles, tilos y chopos.

***Daedalea quercinea* Linné ex Fr.** Se encuentran unidos directamente a la madera con un himenio muy característico en forma de laberinto de paredes gruesas, muy coriáceos. Se les encuentra de forma muy persistente en troncos de encinas, castaños, abedules y robles, muertos o vivos.

4.2. Plagas por artrópodos

Las plagas de insectos que atacan al castaño (excepto aquellas que lo hacen en vivero) no causan la muerte del árbol como lo hacen las dos enfermedades más importantes que tiene esta especie y que se citaron anteriormente. Puede ser que el árbol esté debilitado y enfermo por la «tinta», «chancro» o cualquier otra enfermedad, por daños abióticos, antrópicos o por cualquier otro problema sanitario; entonces, el castaño puede sufrir el ataque de insectos, sobre todo perforadores, los cuales pueden llegar a matarle por completo.

4.2.1. Insectos perforadores de castañas

***Cydia fagiglandana* (Zel.).** Sinónimos: *Carpocapsa splendana* (Hb.), *Laspeyresia splendana* (Hb.), *Tortrix splendana* (Hb.).

Orden: *Lepidoptera*; Familia: *Tortricidae*. Distribución geográfica: Por toda la región Paleártica y Japón. En general, abunda por toda la Península Ibérica.

Su larva vive y se desarrolla en las castañas, tanto en las maduras como en las que no han alcanzado este estado. Este insecto carpóforo y endofítico tiene de 14 a 22 mm de longitud en su estado de adulto, con las alas anteriores gris oscuro y una mancha negra subromboidal con la alas cerradas.

El vuelo de los imagos se efectúan entre Julio y Agosto, poniendo la hembra después de unos días de apareamiento, de 100 a 300 huevos lenticulares, blandos, pequeños y con un anillo de color rosa. La puesta la pueden hacer bien en el envés de las hojas de castaño, a lo largo de la nerviaduras o en la base de los erizos, coincidiendo el ciclo biológico con la maduración y la abertura natural de aquellos. Las larvas de color amarillo claro, penetran por la base de los erizos haciendo galerías alrededor del fruto para alcanzar las semillas. Su ciclo larvario dura entre 30 y 50 días; pasa por varios estadios a medida que se alimentan, deteriorando la castaña, ya sea semilla para viveros y plantaciones, como comercial para venta al público con carácter alimenticio. Dentro de las castañas afectadas por las larvas se pueden ver una mezcla de excrementos y de hilos de seda unidos entre sí.

Este lepidóptero tiene una generación al año (monovoltino), teniendo varios enemigos naturales como el hongo en su fase imperfecta *Beauveria bassiana* (Bals), quien con su micelio blanquecino rodea las larvas cuando se disponen a crisalidar y a las crisálidas que se encuentran en la corteza del castaño destruyéndolas. También tienen sus propios parásitos, como *Trichogramma sp.* (*Hymenoptera*, *Trichogrammatidae*) endoparásito gregario y *Ascogaster quadridentatus* Wesm. (*Hymenoptera*, *Braconidae*). Existen varias especies de Pícidos y Paseriformes que se alimentan de las orugas. Hemos podido observar que en Galicia y en la zona de El Bierzo las castañas afectadas las emplean en la alimentación de ganado porcino, caprino y ovino. La larva en su último estadio, ya madura, hace un hueco en la castaña por el que sale, incorporándose al suelo si la castaña está caída, o introduciéndose en las grietas y resquebrajaduras de la corteza del castaño (ya sea en su tronco o en las ramas) si el fruto permanece en el árbol.

Esta especie, en años de mucha infectación puede ocasionar pérdidas muy grandes en la cosecha. En 1993, en la zona de El Bierzo, el porcentaje de pérdidas de castaño por el ataque de esta mariposa, junto con el curculiónido *Balaninus elephas*, superaba el 50%. Es un insecto que está distribuido por todas las zonas castañeras de nuestra Península y también en Portugal (BERROCAL y CARDEÑOSO, 1993).

La lucha química no es fácil dado que el insecto pasa su vida muy protegido en el interior de los frutos. Los tratamientos se dirigirán hacia el control de las jóvenes orugas poco tiempo después de abandonar los huevos. En plantaciones jóvenes realizadas para la obtención de grandes producciones de castañas es recomendable la lucha química y biológica. Son varias las substancias activas empleadas para el tratamiento contra esta plaga: *Fenitrotion*, *Malation*, *Metilparation*, *Acefato*, *Diazinón* y *Triclorfón*, aplicándolos en verano sobre hojas y erizos. También se pueden utilizar feromonas sexuales en el mes de Junio, antes de que salgan los primeros adultos, repartiéndolas por los bordes de la plantación. Se puede hacer un control fitosanitario en árboles viejos, así como en sotos aislados, pero normalmente resulta desaconsejable. En estos casos la intervención del hombre se limita sólo y exclusivamente a la recogida y destrucción del fruto afectado.

***Pammene fasciana* (L.).-** Sinónimos**:** *Cydia juliana* Curt., *Pammene juliana* Curt., *Carpocapsa juliana* Curt., *Carpocapsa nimbana* Herr-schiff.

Orden: *Lepidoptera*; Familia: *Tortricidae*. Distribución geográfica: Se la encuentra en Italia, España y Portugal.

Los ataques de esta plaga se presentan muy tempranos, cuando el fruto está en formación. Además, también ataca a los frutos de arces, robles y hayas. El adulto tiene de 14 a 18 mm de longitud, con una mancha blanca en las alas anteriores, ancha en la base y estrecha en el margen distal, y con tres manchas negras de forma lateral en la zona de los ocelos. El vuelo y apareamiento de los adultos comprende desde Junio hasta mediados de Septiembre. La puesta de los huevos se realiza en el haz de las hojas del castaño. Las orugas son blanquecinas; recién nacidas se alimentan de las hojas para después penetrar en los erizos y en las castañas en formación, destruyendo el endocarpo y cayendo al suelo prematuramente, viéndose perfectamente en el erizo atacado los excrementos envueltos con hilos de seda. Cuando la oruga ha alcanzado la madurez, abandonan los frutos para dirigirse a la corteza del árbol y crisalidar entre las grietas y fendas, pasando por un estado de diapausa hasta la primavera del siguiente año. Los daños causados por este artrópodo pueden ser considerables. Se le ha encontrado en Galicia, en El Bierzo (provincia de León) y Sanabria (provincia de Zamora).

En sotos pequeños de castaños y en árboles aislados (que pertenecen a pequeños propietarios los cuales no viven de ello y sólo se preocupan de recoger las castañas en otoño) normalmente no se realiza ningun tratamiento contra este ataque, ya que en general son árboles aislados y la mayoría de ellos están en terrenos orográficos de difícil acceso. Se debe hacer un control tanto químico como biológico de estos lepidópteros perforadores en plantaciones dedicadas a la obtención de produción de castañas de calidad. Hoy día se comercializan en España feromonas sexuales para capturar machos de estas especies, colocándolas en trampas por la periferia y dentro de las plantaciones dedicadas a la obtención de fruto con buenos resultados. También se pueden hacer tratamientos con *Fenitrotion*, *Acefato*, *Diazinón* o *Triclorfón* un poco antes de la emergencia de las orugas.

***Curculio elephas* Gyll.** Sinónimos: *Balaninus elephas* Gyll., *Curculio mastodon* Jekel.

Orden: *Coleoptera*; Familia: *Curculionidae*. Distribución geográfica: por toda Europa Meridional (Francia, España, Portugal, Bulgaria, Turquía, Suiza, Alemania, Argelia y Japón).

Este perforador, de entre 6 y 11 mm, posee una larga trompa característica de esta familia, en la cual se encuentran tanto las antenas como las pie-

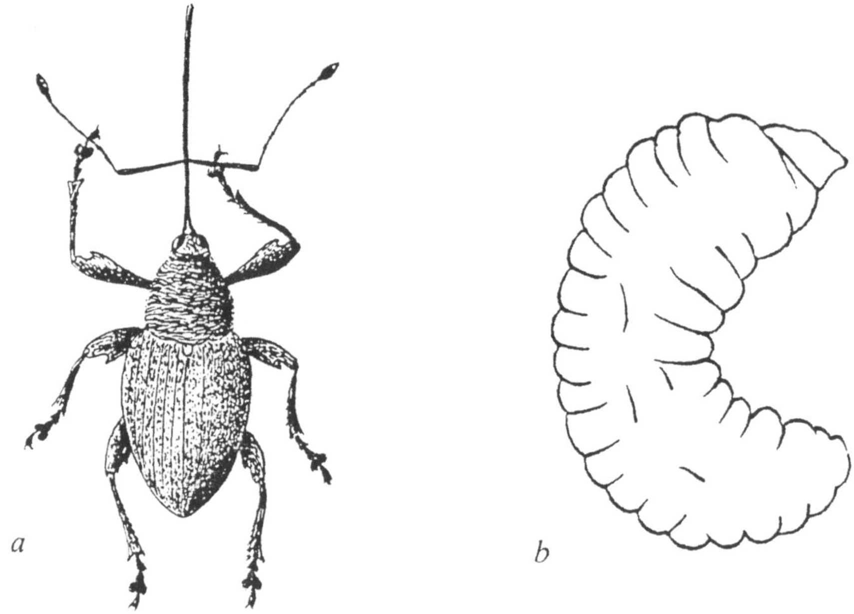

Fig. 5. Adulto y larva de *Curculio elephas G.*

zas bucales con las cuales la hembra se ayuda para hacer la puesta de los huevos (blancos inicialmente, después amarillentos). Esta se realiza en los meses de Agosto y Septiembre; cada hembra pone alrededor de 20 huevos. La larva recién nacida es blanca, con las mandíbulas oscuras y ápoda. Sólo tiene una generación al año, invernando en el suelo en estado de larva. Esta es blanca, ápoda y curvada, típica de la familia de los curculiónidos con la cabeza oscura y fuertes mandíbulas que le sirven para alimentarse destruyendo el endocarpo. Cuando alcanza su máximo desarrollo realiza un orificio de salida para enterrarse e invernar, emergiendo durante el siguiente Agosto o Septiembre como insecto perfecto. La maduración sexual se produce alimentándose de las nerviaduras de las hojas y de la base de los frutos nuevos. Además de a la castaña, ataca también a bellotas y avellanas, perdiendo todas su valor comercial.

Muchas de las larvas de este curculiónido, son parasitadas por el Bracónido *Sigalphus sculpturatus* Szepl. Las labores culturales y la limpieza de los sotos contribuye a mantener la plaga por debajo de los umbrales de tolerancia e impiden al insecto completar su ciclo de vida. Se ha empleado mucho el Sulfuro de Carbono y el Tetracloruro de Carbono para desinsectar las castañas, pero actualmente estos fumigantes estan prohibidos. Se pueden realizar tratamientos químicos en el momento de la eclosión de los

Foto 168. Frutos afectados por perforadores.

huevos con *Acefato* o *Deltametrín*. Otra solución sería tratar el suelo con insecticidas microgranulados como el Carbofurano días antes de la bajada de las orugas para crisalidar (fig 5).

***Cydia fagiglandana* Zel.** Es otro perforador de la castaña.

Este lepidóptero, de la Familia de los Tortrícidos, está distribuido por toda España (principalmente por Galicia, León, Asturias, Santander y País Vasco).

La actividad de este lepidóptero está limitada por la acción de *Cydia juliana* y *Carpocapsa splendana*, desarrollándose biológicamente desde el final de la floración de la planta hasta la apertura natural de los erizos. Los adultos (13-18 mm) tienen unas rayas oblicuas sobre las alas anteriores y sólo los machos poseen en las posteriores dos manchas blanquecinas en la región anal. El vuelo de los adultos se realiza entre Julio y mediados de Septiembre (el máximo a comienzos de Julio). La puesta se realiza en los erizos y las larvas, rojizas al nacer, penetran en el fruto formando galerías en el interior de la castaña.

Los tratamientos serán los mismos que para los lepidópteros anteriores.

***Curculio glandium* M.** Coleóptero Curculiónido, específico de robles, encinas y alcornoques, pero que puede atacar a las castañas en menor medida. Abundante en Europa Central, y muy abundante en España, Italia y Portugal (foto 168).

Su cuerpo está recubierto de pelos que parecen escamas finas. Su longitud es de 4 a 8 mm de longitud y color castañoanaranjado. Los adultos aparecen a finales de Abril, se aparean a principios de Mayo, haciéndose la puesta este mes. Las larvas salen a los 8 ó 10 días.

Un parasitoide de sus larvas es el Himenóptero Ichneumónido *Pimpla calobrata* G. Los tratamientos serían los mismos que para *Balaninus elephas.*

4.2.2. Insectos defoliadores del castaño

***Limantria dispar* L.** Sinónimos: *Portetria dispar* L., *Ocneria dispar* L. Kozh., *Lioaris dispar* L..

Orden: *Lepidoptera*; Familia: *Limantridae*. Su área de habitación es extensísima, distribuyéndose por el Norte de Africa, Europa y Oriente Medio hasta China Meridional y el Japón; desde 1869 fue introducida en América del Norte, donde llegó a invadir varios Estados del Nordeste.

La hembra es de 45 a 65 mm de envergadura y 25 a 28 mm de longitud, alas blanquecinas con manchas negras en forma de V. Cuerpo robusto, peloso y amarillento; incapaces de volar. Macho más pequeño con las alas de color amarillo terroso con manchas oscuras en zigzag; abdomen más delgado que el de la hembra cubierto de pelos pardo-amarillentos; buenos voladores. Especie polífaga de dimorfismo sexual con ciclo biológico anual; desarrolla la puesta en forma de plastones formados por los huevos y la pelosidad del abdomen de la hembra. Las mariposas, que aparecen en el mes de Julio, se aparean para que, a continuación, realizan la puesta sobre troncos, ramas y ramillas, hojas, e incluso piedras. A los nueve meses, aproximadamente, nacen las orugas negras y peludas que empiezan a devorar los brotes tiernos y hojas durante dos meses, realizando cuatro o cinco mudas hasta crisalidar de forma gregaria transformándose en imagos a los veinte días aproximadamente.

Esta plaga tiene un carácter cíclico que, cuando llega a la superpoblación, degenera ella misma de forma natural. En cuanto a los tratamientos químicos, se están empleando inhibidores de crecimiento que interfieren la formación de la quitina, como es el *Diflubenzurón*, empleado en pulverizaciones líquidas a ultra bajo volumen de 100 gramos de formulación en tres litros de gasóleo o aceite de soja por hectárea, aplicado en los primeros estadios de desarrollo del insecto. Existen tambien trampas con feromonas sexuales que, con dosis muy pequeñas, atraen a los machos.

***Mimas tiliae* L.** Lepidóptero Sphingido, cuya oruga defolia plantas de castaño en vivero y repoblaciones jóvenes. Los daños provocados no justifican algún tratamiento. Sin embargo, se puede aplicar *Cipermetrina* como tratamiento eficaz.

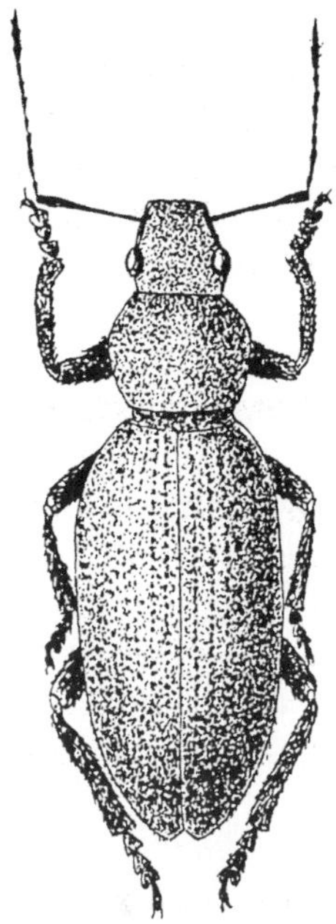

Fig. 6. Adulto de *brachyderes incanus* L.

***Brachyderes incanus* L.** Coleóptero Curculiónido, cuyas adultos se alimentan de las márgenes de las hojas del castaño y las larvas de la parte externa de la raíz. Se ha encontrado en Galicia, en El Bierzo (provincia de León) y en Zamora. Las aplicaciones a base de *Cipermetrina* más *Dimetoato* funcionan bien (fig. 6).

***Triodontela aquila* L.** Coleóptero Escarabeido, cuyo insecto perfecto defolia hojas de castaños. Se ha detectado en la provincia de Cáceres. Puede tratarse con cualquier piretroide sintético.

Otiorhynchus sp. Coleóptero Curculiónido defoliador en estado adulto. Se ha encontrado en repoblaciones jóvenes de castaño en la Sierra de la Culebra (provincia de Zamora), provocando grandes daños. Sus larvas se alimentan de la corteza de las raíces de varias especies, incluída el castaño. En las repoblaciones y plantaciones en que se prevean ataques de este insecto en estado de larva se aplicará un insecticida a base de *Carbofurano* (al 5%) microgranulado al suelo (alrededor de cada planta). Para los adultos defoliadores cualquier *Piretrina* sintética puede dar buen resultado (fig. 7).

Phalera bucephala. Lepidóptero notodóntido, causante en numerosas ocasiones de intensas defoliaciones en su estado larvario, en repoblaciones de castaños, alimentándose de sus hojas dejando sólo los nervios. Son larvas gregarias durante todos sus estadios, abandonando el gregarismo cuando han alcanzado su máximo desarrollo para crisalidar. Especie mono-

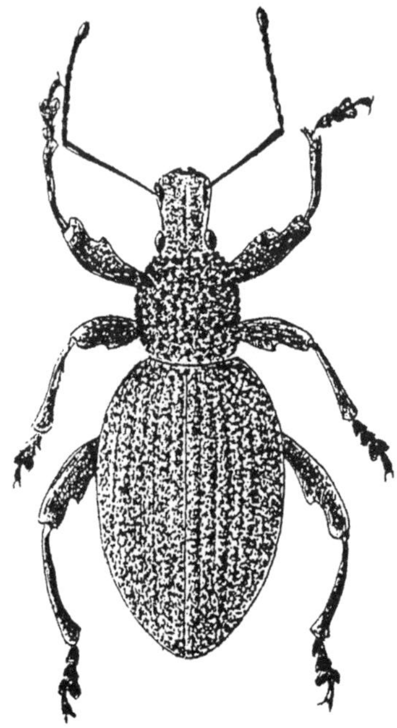

Fig. 7. Adulto de *Otiorhynchus sp.*

voltina cuyos adultos durante los meses de Mayo-Junio, realizando la puesta en el envés de las hojas después del apareamiento. A los pocos días salen las orugas, que se alimentarán durante todo el verano para después invernar en el suelo en estado de crisálida.

Normalmente los ataques son de forma localizada y de pequeña dimensión. Si fuese necesario realizar tratamientos funciona muy bien la *Deltametrina*.

Otros perforadores. Otros perforadores menos importantes son: *Lasiocampa quercus*, *Orgya antiqua*, *Operophthra brumata*, *Dasychira pudibunda*, *Attelabus nitens* y *Euproctis chrysorrhoea*.

4.2.3. Insectos minadores y chupadores del castaño

***Lithocolletis roboris* Z** y ***Caloptilia alchimiella* Z.** Microlepidópteros Tineidos minadores de las hojas del castaño. Sus orugas se alimentan del parénquima de la hoja en el interior (entre el haz y el envés), realizando ahí sus mudas larvarias y la pupación. Los daños son de escasa importancia, pudiendo observarse en la hoja manchas circulares que cada vez son más grandes a medida que crece la oruga. Si, por necesidad, hubiera que realizar algún tratamiento químico, irían bien los insecticidas sistémicos como el *Acefato* y el *Dimetoato*.

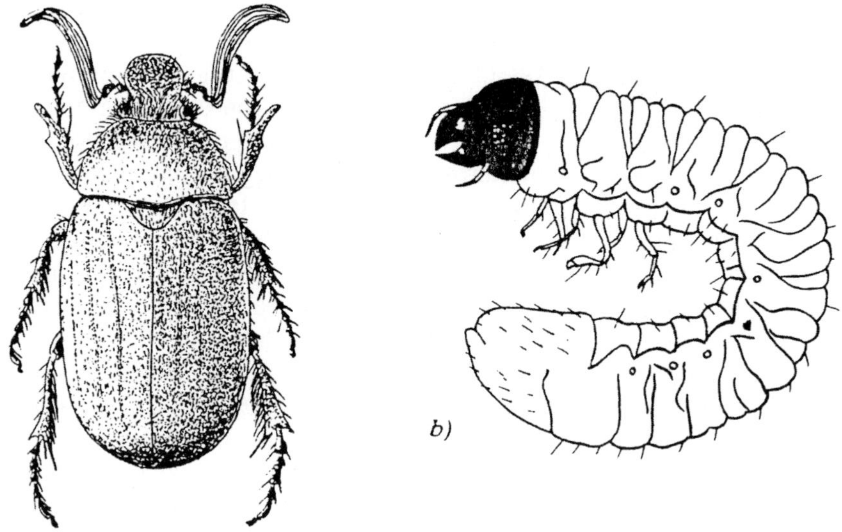

a) b)

Fig. 8. a) Adulto de *Melolontha papposa* I.; b) Larva.

Lachnus roboris. Homóptero Lachnido, chupador de las hojas de castaño junto con otros Cicadelidos. En repoblaciones y en viveros se obtienen buenos resultados tratándolos con *Acefato* a razón de 75 g/hl de agua en pulverización. El ataque de este pulgón puede provocar un debilitamiento del árbol. Normalmente se encuentra formando grandes colonias.

Heliotrips haemorrohidalis. Tisanóptero chupador de la familia *Tripidae*. Produce descoloraciones en las hojas de castaño debido a su alimentación que se vuelven de una tonalidad amarillenta con unos puntos negros que son los excrementos del insecto. Se pueden utilizar contra él insecticidas como *Malatión* y *Deltametrina*, dando buenos resultados.

4.2.4. Insectos perforadores de tejidos leñosos

***Melolontha papposa* I.** Coleóptero escarabeido, cuyas larva denominada vulgarmente «gusano blanco» se alimentan de la corteza de raíces de castaños jóvenes al igual que la larva del *Brachideres incanus* y *Otiorhynchus sp* como hemos dicho anteriormente, bien sea en vivero o en repoblaciones ya efectuadas. La realización de labores culturales al suelo en las repoblaciones de castaños contribuyen a reducir la población de estos insectos.

En vivero se puede emplear insecticidas microgranulados de aplicación al suelo, como puede ser el *Carbofurano* o *Forato* a razón de 15 kg/ha (fig. 8).

***Zeuzera pirina* L.** Lepidóptero Cossido cuyas orugas perforan la madera de castaño en pie, realizando galerías de sección elíptica, muy grandes cuando ésta ha adquirido todo su tamaño pudiendo matar al árbol. El adulto es de color blanco con numerosas manchitas negras. Ataca a castaños jóvenes ya formados perforándoles profundamente, tanto en el tallo como en las ramas. Una forma de lucha sería pulverizar los troncos y ramas gruesas con *Fenitrotion* disuelto en agua al 3%, un poco antes de que eclosionen los huevos para que, al salir la oruga y comer, muera. También se pueden emplear feromonas sexuales para atrapar a los machos.

***Plagionotus arcuatus* L.** y ***Plagionotus detritus* L.** Coleópteros cerambícidos, de una longitud entre 8 y 20 mm, con antenas de color amarillas el primero y rojizas el segundo. Sus larvas normalmente se desarrollan bajo la corteza de especies del género *Quercus*, aunque puede atacar a otras frondosas como es el castaño. En el año 1987 causaron importantes daños en el término municipal de Hervás (provincia de Cáceres) en fustales de cepa de 35 a 50 cm de diámetro normal. Se detectaron numerosas galerías internas que depreciaron el valor de la madera. La causa de este ataque estribó en la presencia de numerosos pies de *Q. pyrenaica* cuyos tocones constituyen el área preferida de los insectos, produciéndose de forma natural una explosión demográfica que dio lugar al traslado de los insectos al castaño.

Otros perforadores. Otros perforadores del castaños son: *Capnodis tenebrionis* L. (*Coleoptera, Buprestidae*); *Cerambyx cerdo* L. (*Coleoptera, Cerambycidae*); *Cossus cossus* L. (*Lepidoptera, Cossidae*); *Coroebus florentinus* Herbst. (*Coleoptera, Buprestidae*); *Gracilia minuta* (F). (*Coleoptera, Cerambycidae*); *Phymatodes testaceus* L. (*Coleoptera, Cerambycidae*); *Platypus cylindrus* F. (*Coleoptera, Scolytidae*) y *Xyleborus saxeseni* (Ratz) (*Coleoptera, Scolytidae*).

4.3. Daños por agentes abióticos

4.3.1. Daños por fisiopatías

Se definen como alteraciones en el normal funcionamiento de una planta provocadas por agentes de origen abiótico (no vivos). Entre éstos tienen destacada presencia los fenómenos atmosféricos. Si las adversidades meteorológicas coinciden con momentos críticos de la vida del castaño, los efectos perniciosos se agravan. Sirva como ejemplo las lluvias intensas en época de polinización o las heladas tardías.

4.3.1.1. Agua

Aunque el castaño vegeta muy bien en lugares húmedos, no se instala en zonas encharcadas o pantanosas. Una excesiva elevación de la capa freática, aunque sea temporal, es capaz de producir asfixia en las raíces; las hojas se empiezan a decolorar y, si el encharcamiento se alarga, el árbol puede llegar a morir. Se ha observado que un exceso de agua también favorece las fitopatologías fúngicas.

4.3.1.2. Heladas y holas de frío

Las heladas son fenómenos que se producen cuando la temperatura ambiente baja a 0° C o inferior. Se clasifican, dependiendo de la época del año, en heladas invernales y primaverales; estas últimas, por su presencia o ausencia, condicionan la floración y fructificación del castaño.

Las heladas primaverales pueden ser de advención, de evaporación y de irradiación.

Las primeras son producidas por una llegada de aire frío que invade una amplia y extensa zona de España y, a veces, la Península entera. Estos aires vienen del Norte y son motivados por la presencia de una depresión en el Este, acompañada de una alta en el Oeste; se produce entonces una corriente de viento de Norte a Sur que, dependiendo de su temperatura, puede producir heladas.

Las heladas de evaporación se presentan cuando ha existido un período de lluvias y aparece un viento con poca humedad que, a su paso, produce una rápida evaporación del agua, con lo que se produce un enfriamiento del medio.

En las heladas de irradiación o de inversión se produce un enfriamiento del aire y del suelo; existe un balance de intercambio de calor entre el suelo y el aire. Durante el día el sol calienta el suelo, sucediendo lo contrario por la noche.

Otra fisiopatía que suelen sufrir los castaños jóvenes, en especial los que no habitan bajo cubierta, es el efecto de las heladas tardías primaverales, que suelen originar unos síntomas similares a los de la sequía, como es el ennegrecimiento y muerte de los nuevos brotes que en muchas ocasiones va acompañado de la muerte de la planta. Las heladas tempranas de otoño también pueden originar el mismo problema. Los pies adultos también sufren el efecto de estas heladas pero, al ser más fuertes, se recuperarán más fácilmente.

4.3.1.3. Calores intensivos

Los pies jóvenes que carecen de protección son muy sensibles a los golpes de calor que tienen lugar en los comienzos del período vegetativo, cuando el árbol no se ha acostunbrado a temperaturas altas. Entre temperaturas suaves, o más bien frías, un golpe de calor causa chancros basales que son muy dañinos si el tronco es todavía muy delgado. La madera sufre deformaciones debido a las contracciones motivadas por los cambios bruscos de la temperatura, y, en algunos casos, la planta muere. Se piensa que las acebolladoras son causadas por este *stress* y/o la sequía estival. A veces, en los pies que se encuentran en solana, aislados o en el borde de la masa arbórea, se observan tanto fendas en los fustes como un marchitamiento foliar dando un aspecto de pérdida de vigor vegetativo. La causa no es otra que la excesiva insolación en los meses más calurosos del verano. Este debilitamiento favorece la aparición de plagas o de otros problemas fitosanitarios.

4.3.1.4. Sequía

El carácter de la sequía es fundamentalmente climático, pudiendo durar de meses a años; debilita al árbol y favorece la entrada de agentes nocivos. Se produce, pues, un *stress* hídrico, elevándose la presión osmótica al no disponer las raíces de agua, disminuyendo la turgencia, y rompiéndose los vasos con las consiguientes exudaciones de savia. Los síntomas de la sequía son el crecimiento reducido del árbol, internudos cortos, degeneración de raíces, temprana senescencia y caída del follaje, amarilleamiento y reducción de las hojas, muerte de ramas y ramillas y brote de yemas adventicias.

Los castaños situados en suelos hidromorfos suelen acusar más la sequía.

4.3.2. Daños atmosféricos

4.3.2.1. Descargas eléctricas

El castaño de gran porte y amplia copa es bastante propenso a recibir descargas eléctricas, que suelen producir heridas acanaladas a lo largo de las ramas principales y del tronco. Salvo casos excepcionales en que la descarga destruye totalmente el árbol, éste demuestra su vigor cicatrizando la herida aunque ésta sea grande.

4.3.2.2. Nieve y viento

Estos agentes pueden partir y desgajar ramas a los árboles; la nieve por su peso y el viento con su fuerza. Después del accidente quedan heridas y aberturas por donde pueden penetrar, a lo largo del tiempo, hongos parásitos y de pudrición.

4.3.2.3. Granizo

El granizo puede destruir la floración y la fructificación; por tanto, también la cosecha en aquellos sotos destinados a la producción de fruto. El impacto y lesiones del granizo deja luego condiciones propicias para el ataque de plagas y enfermedades.

4.3.2.4. Contaminación

Está producida por emisiones de sustancias y partículas tóxicas a la atmósfera. El castaño resiste mucho esta contaminación, como ha podido comprobarse en sotos cercanos a la central térmica de Compostilla II (Ponferrada), León. Todo lo contrario parece sucederle a la encina, pues demuestra ser bastante sensible a estos agentes contaminantes. La explicación podría encontrarse en que los árboles caducifolios se defienden mejor que los perennifolios al desprenderse anualmente de las hojas.

CAPITULO 5

La situación actual del castaño

5.1. El castaño en España

Una síntesis del estado actual del castaño en España sería la siguiente (mapa 3):

En el País Vasco se encuentran masas mixtas de castaños mezclados con robles, hayas y pinos (en las provincias de Álava y Guipúzcoa), haciendo frontera con el Norte de Burgos; son pies afectados, unos por la tinta, y otros por el chancro. Se ven algunas repoblaciones de pequeña magnitud para madera; lo demás aparece en Monte Alto. A raíz de la politica forestal subvencionada para reforestar con esta especie, entre otras, se observa alguna repoblación joven de castaño. Por otro lado, se están talando castaños para sustituirlos por pino *Insignis* para producción de madera, en turnos de 40 años aproximadamente.

En Navarra aparecen manchas de castaños de gran longevidad, ahuecados, muchos de los cuales han muerto debido a la tinta (Valle del Baztán).

Los castaños escasean en la mayor parte del Pirineo, apareciendo en el área costero-catalana (provincias de Gerona y Barcelona, fundamentalmente en la primera), con importantes manchas dedicadas a la producción de madera, afectadas también por el chancro. En Gerona la explotación de Monte Bajo se dirige fundamentalmente a la obtención de madera para *parquets*; en la de Tarragona quedan algunos podales.

Mapa 3. Distribución de los castañares en España.

En Cantabria existen masas mixtas y pequeños rodales mezclados con robles, hayas y abedules, con un aspecto, en general, saludable sin que se observen la aparición de las dos enfermedades antes referidas.

En Asturias aparecen masas mixtas de castaños, robles y hayas, rodeadas de plantaciones de pinos y eucaliptos, ya que algunos de los antiguos castañares han sido sustituidos con estas dos especies. Esta Comunidad es la más poblada de castaños, encontrándose masas puras en las zonas de Luarca, Cangas de Narcea, Aller, Cabaña Quinta, Pola de Lena, Cabrales y Onís.

En Galicia el castaño está distribuido por sus cuatro privincias, abundando más en Lugo y Orense que en las otras dos restantes.

En la Comunidad Castellanoleonesa los castaños se extienden desde la provincia de León, en la zona de El Bierzo y Las Médulas (con problemas de chancro), pasando por la de Zamora en Sanabria y Aliste (con problemas de «tinta», penetrando en la zona fronteriza por Tras-os-Montes y Alto Douro con la misma problemática en ambas márgenes), y llegando a la frontera de la provincia de Salamanca con Extremadura; áreas de Béjar, Candelario, Pico Cervero, La Honfría, Peña de Francia, La Alberca y Sierra de Gata vecina a Portugal (también aparece *Phythoptora*). En el Sistema Central prácticamente restan sólo tallares. Excepción es la provincia de Ávila, apareciendo en Arenas de San Pedro, Candeleda y Guisando (Sierra de Gredos) sotos de castaño para fruto; también se le observa disperso y mezclado con robles y fresnos. En el área del Norte de Burgos restan pequeños rodales y sotillos salpicados, existiendo pies aislados en las comarcas del Condado de Treviño, Espinosa de las Monteros, Medina de Pomar y Valle de Mena.

En Extremadura existen distribuidas irregularmente unas áreas muy concretas, ubicándose al Norte de Cáceres manchas importantes en Hervás y Baños de Montemayor en Montes Bajos, productores de madera de calidad y con tratamientos selvícolas adecuados, dando lugar a la existencia en la zona de una industria de aserrío y mueble exclusiva de castaño. Asímismo aparecen masas de castaños en el Valle del Tiétar en Monte Alto y Bajo, algunos muy afectados «por tinta». Una mancha amplia y discontinua de castaños productores de fruto con plantaciones viejas y jóvenes se encuentra en Valencia de Alcántara y su comarca, introduciéndose en el país vecino de Portugal, frente por frente al Alentejo, en las que se puede observar ciertas singularidades: a) Cultivo intercalar de castaños de fruto con cereales, en concreto, de centeno y avena para siega en verde (foto 93); b) Se le encuentra mezclado con encina, alcornoque, pino y roble (foto 10); y c) Destaca la regeneración natural del castaño entre pinares (*Pinus pinaster*) que, al llegarles el turno de corta, dejan vía libre a los brinzales de castaños germinados. Posteriormente, se realiza una selección de los mejores pies, los cuales permanecerán definitivamente en el terreno. Llama la atención al recorrer Extremadura que después de atravesar amplias zonas sin la presencia del castaño y ya casi en la frontera con Castilla-La Mancha, se tope de nuevo con este árbol en la pintoresca Guadalupe y Las Villuercas. Son, en general, plantaciones de árboles viejos semiabandonados, que presentan síntomas de debilitamiento y de estar enfermos (afectados por la «tinta»); se concentran en pequeños rodales casi sofocados por otras frondosas características de esta zona, tales como el roble, la encina y el fresno (foto 11).

En Andalucía se encuentran dos núcleos diferenciados: Sierra Morena (provincias de Cordoba, Sevilla y Huelva), ocupando áreas de Monte Bajo; y las más de 600 ha continuas de castaños para fruto de la Sierra de Aracena, (mención muy especial por la impresionante masa de esta especie, en general, de gran envergadura y de mucha edad). Estos castaños, que ocupan diversas posiciones orográficas, están sometidos a prácticas culturales de poda y laboreo como norma general. Prácticamente todos ellos estan injertados con variedades de fruto de calidad, siendo las producciones muy elevadas y, por tanto, sus rendimientos, alcanzando buenos precios de venta en el mercado, en especial, la castaña de aparición temprana. La mayor parte de la producción es comprada con destino a Portugal. En la comarca de

Aracena se puede observar la belleza del paisaje y colorido que presenta estas masas de castaño, a veces puras, rodeadas de otros árboles o mezclado. El otro núcleo se encuentra en el Sistema Penibético, con manchas en la Serranía de Ronda (Parauta, Faraján, Pujerra, etc.), y en Sierra Nevada (Valle de Lanjarón, provincia de Granada), donde se extiende entre los 900 y 1400 m de altitud.

En las Islas Canarias también axisten castaños, sobre todo en La Palma y Tenerife, con ejemplares puntuales en La Gomera y en Hierro.

Resumiendo, los castañares españoles deben sumar en la actualidad unas 126,000 ha (frente a las 140,000 ha de hace 30 años), estando cerca de la mitad en Monte Bajo, alrededor de un 40% cultivados para fruto, y sólo un 10% en Monte Alto . Se prevé un pequeño aumento en la extensión de esta especie debido a las repoblaciones y reforestaciones que se están llevando a cabo debido a la política forestal de la Unión Europea mediante subvenciones. Así, se han observado, por iniciativa privada, repoblaciones con castaños, bien solo o mezclado con otras especies, en las provincias de Zamora, León, Cáceres, Guipúzcoa, Orense y Lugo (fotos 169, 170, 171, 172, 173, 174, 175, 176, 177, 178, 179, 180, 181, 182 y 183).

Foto 169. Vista de la magnífica masa continua (más de 600 ha) de castaños en la Sierra de Aracena (provincia de Huelva).

Fotos 170 y 171. Vista de la magnífica masa continua (más de 600 ha) de castaños en la Sierra de Aracena (provincia de Huelva).

Fotos 172 y 173. Vista de la magnífica masa continua (más de 600 ha) de castaños en la Sierra de Aracena (provincia de Huelva).

Foto 174. Vista de la magnífica masa continua (más de 600 ha) de castaños en la Sierra de Aracena (provincia de Huelva).

Foto 175. *Paeonia sp* florecida junto a la base de un castaño centenario (Sierra de Aracena, provincia de Huelva).

Foto 176. Castaño estimado milenario (Valencia de Alcántara, provincia de Cáceres).

Foto 177. Vista de castañares en las Islas Canarias (Foto Agustín Fariñas).

Fotos 178 y 179. Vista de castañares en las Islas Canarias (Foto Agustín Fariñas).

Fotos 180 y 181. Mezcla de castaños con otras especies arbóreas en las Islas Canarias (Foto Agustín Fariñas).

Fotos 182 y 183. Mezcla de castaños con otras especies arbóreas en las Islas Canarias (Foto Agustín Fariñas).

5.2. El castaño en Europa: su evolución

El castaño es una especie mediterránea que se ha introducido en los demás países europeos (excepto en los Nórdicos), dispersándose y pudiéndose encontrar actualmente en Portugal, España, Francia, Italia, Suiza, Grecia, Turquía, Austria, Hungría, Rumanía, antiguas Yugoslavia y Checoslovaquia, Sur de Bélgica e Inglaterra, Alemania y algún ejemplar en Holanda; su límite oriental es Turquía, llegando hasta el mar Caspio por el Cáucaso; tampoco sobrepasa el paralelo de Frankfurt (mapa 4). Artificialmente se ha introducido hasta el Norte de Alemania y el Sur de Suecia, pero en esas latitudes la fructificación resulta problemática y difícil. Se extiende por el área meridional de Europa, con máxima expansión en Italia, apéndices occidentales de las Islas Atlánticas (Canarias y Madeira), orientales del mar Caspio y meridionales en Marruecos y Argelia.

Tratándose de una especie tan interesante, e influenciada desde antiguo por la acción del hombre que la propagó artificialmente dentro y fuera de su área natural, resulta difícil en muchas ocasiones decidir sobre la espontaniedad o no de las masas que actualmente encontramos. La tendencia actual de varios países como Francia e Italia consiste en la producción de castaños de *marrones* de gran calidad. Otros para la producción de madera (como Suiza), siendo la mayor productora y exportadora de fruto Turquía.

El *Castanea sativa* es la única especie de este género autóctna en Europa y el Suroeste de Asia. Se supone que su origen se encuentra en el Este de Turquía o en la zona del Caúcaso (Zohory y Hopt, 1988). Los estudios palinológicos realizados indican que ya estaba presente en Europa en el período Terciario, desapareciendo del Noroeste de Europa durante las glaciaciones del Pleistoceno, quedando sólo masas relícticas en zonas reducidas del Sudeste de Europa y Turquía (Huntley y Birks, 1983). Al castaño le acompañan abundantes formaciones de robles, olmos, arces, etc. También se ha observado una dinámica similar en otras plantas de esta región. Estas especies ocupaban casi sin interrupción una amplia zona que abarcaba las regiones Paleárticas, Mediterráneas y Submediterráneas durante la época Terciaria. Como resultado de los cambios climáticos que acompañaron la llegada del Cuaternario, estas especies fueron desapareciendo en parte, o bien obligadas a replegarse a otras zonas que sirvieron de refugio (Davis y Kosswig, 1965). En Europa no se han encontrado restos de polen de castaño que procedan de una época comprendida entre el final de las glaciaciones del Pleistoceno hasta hace unos 9,000 años, en que aparecen en Grecia y, posiblemente, también en España. Hace unos 5,000 años se encontraba muy extendido por Grecia y existía ya en el Sur de Italia. Posteriormente llegó a los Alpes hace aproximadamente unos 3,000 años. Hace unos 2,000

Mapa 4. Distribución del castaño en Europa (los puntos indican ejemplares aislados).

Foto 184. *Castanea sativa* Mill en los jardines de Valkenburg (cerca de Maastrich, Holanda). M. Berrocal (1996).

Foto 185. *Castanea sativa* Mill en los jardines de Valkenburg (cerca de Maastrich, Holanda). M. Berrocal (1996).

Foto 186. *Castanea sativa* Mill en los jardines de Valkenburg (cerca de Maastrich, Holanda). M. Berrocal (1996).

años el castaño invadió España, Portugal y el Sur de Francia, encontrándose ya presente en Alemania. La distribución actual se debió alcanzar hace unos 1.000 años, exceptuando Inglaterra, que fué colonizada más tarde.

Según Huntley y Birks (1983) el *Castanea sativa* experimentó dos períodos de rápida expansión en Europa y el Suroeste de Asia; uno posterior a los 5,000 años, en la época Neolítica, cuando se generalizó la tala de los bosques y, el otro, hace menos de 2,000 años, durante la expansión del Imperio Romano por el área mediterránea. Aunque ambos hechos son antropogénicos, es poco probable que las poblaciones nómadas del Neolítico se dedicaran a cultivar un árbol como el castaño, cuyo ciclo biológico es de unos 20 años. Es más probable que la expansión del castaño en esa época obedeciera a la existencia de una menor competencia con otras especies como consecuencia de la desforestación que se produjo. Sin embargo, el segundo momento de expansión sí estuvo relacionado con el cultivo y la extensión deliberada del castaño por parte de los romanos (fotos 184, 185 y 186). Villani y colabordores del *Instituto per la Agroselvicoltura* (*C.N.R.*, Porano, Italia) han realizado trabajos relativos a la selección natural y artificial en la formación de la distribución actual de la variación genética del castaño en Europa y Suroeste de Asia (Turquía).

Abreviaturas

m:	Metro
l:	Litro, decímetro cúbico
hl:	Hectolitro
ml:	Mililitro, centímetro cúbico
g:	Gramo
kg:	Kilogramo
tm:	Tonelada métrica, Megagramo
m^2:	Metro cuadrado
ha	Hectárea
m^3:	Metro cúbico
me:	Miliequivalente
kcal:	Kilocaloría
Mcal:	Megacaloría

Bibliografía

— ANAGNOSTAKIS, S.L.: «Vegetative imcompatibility in *Endothia parasitica*». Exp. Mycol., 1:306-316 (1977).

— ANAGNOSTAKIS, S.L.: «Worlwide Distribution of Vegetative Compatibility Groups (Abstr.)». U.S. American Chestnut Cooperators Meeting. General Technical Report. USA, 64:4 (1981).

— ANAGNOSTAKIS, S.L.: «Nuclear Gene Mutations in Endothia parasitica. That affect Morphology and virulence». Phytopathology, 74:5671-565 (1984).

— ANAGNOSTAKIS, S.L.: «Chesnut Bligh: The Classical Problem of an Introduced Pathogen». Mycologia, 74:23-37 (1987).

— ANAGNOSTAKIS, S.L.; HAU, B.; KRANZ, J.: «Diversity of Vegetative Compatibility Groups of *Cryphonectria parasitica* in Connecticut and Europe». Plant Dis., 70:536-538 (1986).

— ANTOGNOZZI, E.: «Proceedings of the International Congress on Chesnut». Instuto di Coltivazione Arboree, Perugia. 1995.

— ARRIGONI, A.: «La malattia dell'inchiostro ed el cancro della corteccia del castagno». Bellinzona, Centrale Cantm ale degli stampati, 1951. 7 pp.

— BALDINI, E.: «Arboricultura General». Mundi-Prensa, Madrid. 1992.

— BAZZIGHER, G.: «Beitrag zur Kennitm is der Endothia parasitica (Murr) And. Mitt. Eidgenös». Forsch. ants. Wald Schnee Landsch, 29:189-212 (1953).

— BAZZIGHER, G.: «Selecktion *Endothia*-resistenter Kastanien in der Schweiz». Schweiz, Z. Fortstwes., 132:453-466 (1981).

— BAZZIGHER, G.; LAWRENZ, K.P.; RITTER, F.: «Propagacione e allevamento del castagno». Vermehrung und Aufzucht der Kastanie. Ber. Eidgenöss. Forsch. ants. Wald Shnee Landsch, 138:799-813 (1982).
— BAZZIGHER, G.; MILLER, A.G.: «Selecktion Endothia-wider standsfähiger kastanien in der Schweiz - eine Quelle wervollen Erbgutes». Z. Forstwes. Schweiz, 1991.
— BERGOUGNOUX, F.: «Le chategnier: Production et Culture». Comité National interprofessionel de la chataîgne et du marron, Nimes. 1978.
— BLANCO CASTRO, E.: «El Caurel, las Plantas y sus Habitantes». Fundación CAIXA. Galicia. 1996. La Coruña.
— BLANCO YUDEGO, J.L.: «Estudio sobre el estado sanitario del castaño en la Comarca de Aliste, provincia de Zamora». Proyecto fin de carrera, curso 1991/1992. E.T.S.I.A. Palencia, Universidad de Valladolid.
— BERROCAL, M.; CARDEÑOSO, J.M.: «Estado Fitosanitario del Castaño en Castilla y León». Junta de Castilla y León, Valladolid, 1993.
— BERROCAL, M.; ROBREDO, F.; CARDEÑOSO, J.M.: «El Chancro del Castaño: Lucha Biológica». Revista Montes. Madrid, 42:32-36 (1995).
— BERROCAL, M.: «El Chancro: Limitaciones en el cultivo del castaño». Revista Agricultura Nº 771. Madrid, 1996.
— BERROCAL, M.: «Estudio Ecológico en el entorno de la Central Térmica de 'Compostilla II'. El Bierzo, León». 1992-1996. ENDESA. Madrid.
— BISIACH, M.; GOBBI, E.; INTROPIDO, M.; VEGETTI, G.: «Ricerche sul cancro della corteccia del castagno: rapporto di attivita». Atti delle gianati di studio sul castagno. Caprarola, 329-343 (1986).
— BISIACH, M.; DE MARTINO, A.; INTROPIDO, M.; MOLINARI, M.: «Nuove esperienze di protezione biologica contro il cancro delle corteccia del castagno». Frutticoltura. 1991.
— BISSEGGER, M.; HEINIGER, U.: «Chesnut blight *(Cryphonectria parasitica)*, North of the Swiss Alps». Eur. J. For. Pathol, 21:250-257 (1991).
— BONIFACIO, A.; TURCHETTI, T.: «Differenze morphologiche in isolati di Endothia parasitica (Murr.) And. Ann.». Accad. Italia. Sci. For., 22:11-131 (1973).
— BOURGEOIS, C.; LÓPEZ, J.; GAROLERA, E.: «Le chataignier en Europa». Foret-Enterprise, 76:25-47 (1991).
— CARDEÑOSO, J.M.: «Estudio y análisis sobre las causas que provocan el síndrome de la «Seca» de la encina en Castilla y León». Proyecto fin de Carrera. E.T.S.I.A. Palencia, Universidad de Valladolid. Curso 1993/1994.
— CEBALLOS, L; RUIZ DE LA TORRE, J.: «Arboles y arbustos de la España Peninsular». ETSIM. Universidad Politécnica de Madrid. 1997.
— COBOS SUÁREZ, P.: «Fitopatología del Castaño». MAPA. Madrid, 1989.
— CONEDERA, M.: «La situazione del cancro corticale del castagno *(Criphonectria parasitica* Murr.) al Sud delle Alpi». Schweiz Z. Forstwes, 142:283-298 (1991).

— ELORRIETA y ARTAZA, J.: «El Castaño en España». IFIE, Madrid. 1949.
— ELLISTM, J.E.: «Patogenicity and sporulation of normal and diseased Strains of *Endothia pasasitica* in American Chesnut». Proc. of the American chesnut Symposium, Morgantown West Virginia, 95-100 (1978).
— FENAROLI, L.: «Il castaño». R.E.D.A., Roma. 1945.
— FERNÁNDEZ, J.; PEREIRA, S.: «Inventario y distribución de los cultivares tradicionales de castaño en Galicia». M.º A.P.A., Madrid (1993).
— FUENTES YAGÜE, J.L.: «El suelo y los fertilizantes». Mundi-Prensa, Madrid. 1994.
— GALLARDO, J.F. *et alii.*: Múltiples publicaciones en revistas internacionales sobre aspectos biogeoquímicos y edáficos de castañares. C.S.I.C., Apto 257, Salamanca 37071 (España).
— GANDULLO, J.M. *et alii.*: Varias publicaciones en: Actas Congreso Forestal Español, 1:423-428 (1993); «El estudio del suelo y de su degradación en relación con la desertificación», J.F. Gallardo (Edt.), MAPA, 3: 1759-1767 (1993); Invest. Agra., Sist. Recur. For., 3: 111-124 (1994).
— GOBBI, E.; INTROPIDO, M.: «Esperienze di protezione biologica del castagno dal cancro corticale». Atti del 1º Convegno Nazionale «Problemi fitopatologici delle piante forestali». Venezia-Mestre, 93-96 (1984).
— GRENTE, M.J. «Les formes hypovirulentas de *l'Endothia parasitica* et les espoirs de lutter contre le chancre du châtagnier». Academie de l'Agriculture de France, 51:1033-1037 (199?)
— GROS, A.; DOMÍNGUEZ, A.: «Abonos». Mundi Prensa, Madrid, 1992.
— HALL, A.D.; ROBINSON, G.W.: «Estudio científico del suelo». Aguilar, Madrid. 1961.
— HAVIR, E.A.; ANAGNOSTAKIS, S.L.: «Oxalate production by virulent but not Hypovirulent Strains of *Endothia parasitica*». Physiol Plant. Pathol, 23:369-376 (1983).
— INTROPIDO, M.; DE MARTINO, A.; BISIACH, M.: «Lotta biologica contro il cancro della corteccia del castagno». Monti Boschi. 1987.
— LAGUNA, M. (1993): «Flora forestal española». Xunta de Galicia. Santiago de Compostela. 460 pp.
— MALATO BELIZ, J.: «O castañeiro na economía e na paissagem». Câmara Municipal de Castelo da Vide, Castelo da Vide.
— LOUREIRO, A. et alii.: «Acçoes preparatorias do Programa integrado de desenvolvimento regional de Tras-os-Montes». U.T.A.D., Vila Real. 1989.
— MAGINI, E.: «Possibilità di lotta biologica contra il cancro corticale del castagno» Italia For. Mont., 36:53-66 (1981).
— MARQUÉS, C.P.: «Inventariacao das áreas e produçoes dos soutos en Trás-os-Montes». U.T.A.D., Vila Real. 1988.
— MUÑOZ, C.; COBOS, P.: «*Enthotia parasitica* (Murril). Sintomatología e identificación. Situación de la enfermedad en los castañares asturianos». Bol. San. Veg. Plagas, 5 (1991).

— ORTUÑO, F.; CEBALLOS, A.: «Los bosques españoles». INCAFO, Madrid, 1977.
— PACI, M.; TANI, A.: «Primi resultati di alcune esperienze su castagno, *Castanea sativa* Mill.». Italia, 1981.
— PALENZONA, M.: «Il castagneto da fruto: tutela e conservazione». Quaderni di ricerca dell'Amministrazione Provinciale di Savona, 7, 1985. 109 pp.
— ROANE, M.K.; GRIFFIN, G.J.; ELKINS, J.R.: «Chesnut Blight. Other *Endothia* diseases, and the Genus *Endothia*». Minnesota, APS Press, St. Paul. 1986. 53 pp.
— ROMANE, F.: «Sustainability of mediterranean ecosystems: Case study of the chesnut». Report EUR15727. En: European Comision, Bruxelles. 1995.
— ROBREDO, F. y colaboradores: «Plagas de Insectos en las Masas Forestales Españolas». MAPA. 1992. Madrid.
— RUBIO SÁNCHEZ, A.: «Estudio ecológico de los castañares de Extremadura». Tesis Doctoral. E.T.S.I.M./U.P.M., Madrid, 1993.
— SHIGO, A.: «Biologia e cura degli alberi in città». Giornata di studio ISA/STAN. Locarno, 1990. 10 pp.
— TURCHETTI, T.: «Hypovirulence in Chesnut Blight, *Endothia parasitica* and some practical aspects in Italy». Eur. J. For. Pathol., 12:414-417 (1982).
— TURCHETTI, T.: «Aspetti fitopatologici negli inesti di castagno». Atti del 1º convegno nazionale sui «problemi fitopatologici delle piante forestali». Venezia-Mestre, Decembre, 47-120 (1984).
— TURCHETTI, T.: «Prospettive di lotta biologica in patologia forestale». Atti del Convegno sulle avversità del bosco e delle specie arboree da legno. Firenze, 265-276 (1987).
— TURCHETTI, T.; MARESI, G.: «Mixed Inoculum for the Biological Control of Chesnut Blight». EPPO Bull., 18:67-72 (1988).
— TURCHETTI, T.; MARESI, G.; SANTAGATA, A.: «Attachi di *Cryphonectria parasitica* M, su differenti ospiti nel Cliento». Monti Boschi, 5:54-58 (1991).
— TURCHETTI, T.; ZANZUCCHI, C.; FABBI, B.: «La difesa degli innesti di castagno dagli attachi del cancro della corteccia». Atti Giornate Fitopatologiche, 2:229-240 (1986).
— TURCHETTI, T.; CASTAGNERI, L.; FALCHERO, G.: «Prove di difesa biologica in alcuni castagneti della Provincia di Torino». Atti del Convegno Castagno 2000. Pianfei, 228-234 (1990).
— VIEITEZ, E. y otros: «Especies Frondosas en la Repoblación de Galicia». Diputación Provincial de Lugo, 9-43 (1992).
— WILD, A.: «Condiciones del suelo y desarrollo de las plantas segun RUSSELL». Mundi Prensa, Madrid. 1993.
— WILHELM, E.; RODKACHANE, P.; ZIPKO, H.: «Use of endophytic bacteria as biocontrol agent against Chesnut Blight». Proc. of the international Chesnut Conferenze. Morgantm w West Virginia 10-14 (1992).

— WWF/ADENA: «Extracciones de madera 1947/1993». Fondo Mundial para la Naturaleza. 1995.
— ZAMBONELLI, A.; ZECHINI D'AURELIO, A.: «Aspetti biologici e genetici di *Endothia parasitica* in coltura». Micol. Ital., 3:165-172 (1987).
— ZECHINI D'AURELIO, A.; ZANBONELLI, A.; BIAVATI, B.: «Ceppi di *Endothia parasitica* provenienti da varie regioni italiane in relazione alla virulenza ed alla lotta biologica». Informatore fitopatologico, 10:43-48 (1987).

Los Autores

Manuel BERROCAL DEL BRIO es Dr. Ingeniero de Montes y *European Enginieer* (*F.E.A.N.I.*, París). Profesor del Departamento de Ingeniería Agrícola y Forestal de la Universidad de Valladolid. Lleva estudiando e investigando más de diez años sobre el castaño a escala regional, nacional e internacional. Trabajó sobre el «chancro» del castaño en el *Centro di Studio per la Patología Delle Specie Legnose Montane*, Firenze (Italia) con el Dr. TURCHETTI; en la actualidad desarrolla un proyecto de investigación conjunto sobre la obtención de cepas hipovirulentas en la zona de El Bierzo y Las Médulas (provincia de León) para la lucha biológica contra esta enfermedad.Además forma parte de la Acción *COST G4* (Unión Europea) como delegado nacional, que promueve la coordinación multidisciplinar sobre el estudio del castaño (grupo de trabajo de Patología). Ha publicado diversos artículos sobre la temática en revistas, habiendo presentado comunicaciones en diversos Congresos y seminarios de carácter nacional e internacional. Ha visitado diversos países europeos y del Cono Sur.

Juan F. GALLARDO LANCHO es Dr. en Ciencias y Diplomado en Estudios Profundos en *Pédologie* (*Université Nancy I*, Francia). Es Investigador Científico del C.S.I.C. y Profesor Titular de Universidad. Ha ocupado cargos directivos en instituciones científicas. Experto en substancias húmicas edáficas, realizó largas estancias en el *Geological Survey* de Denver (Colorado, USA) y *Department of Soil Science* (*University of Aberdeen*, Escocia), entre otras. Ha impartido numerosos cursos y conferencias en numerosos países, en especial iberoamericanos y europeos. Ha organizado Congresos Internacionales sobre Ciencia del Suelo y Biogeoquímica Ambiental. Participa o ha participado en seis Proyectos europeos pertenecientes a los Programas *STEP*, *ENVIRONMENT* y *AIR*, centrados en especies forestales frondosas. Ha participado también en numerosos Proyectos del C.S.I.C., C.A.I.C.Y.T., C.I.C.Y.T. e I.N.I.A.. También ha sido incluido en la Acción *COST G-4* sobre el castaño (grupo de trabajo de Selvicultura). Ha publicado alrededor de 150 artículos en revistas científicas nacionales e internacionales, y ha sido autor, coautor o editor de varios libros científicos.

José Marcos CARDEÑOSO HERRERO es Ingeniero Técnico Forestal. Ha desarrollado varios trabajos y estudios sobre el castaño durante los últimos seis años, centrándose en el análisis de la situación actual de nuestros castañares y su deterioro, así como en la elaboración de las áreas de incidencia de las enfermedades de la «tinta» y el «chancro» en la Comunidad Autónoma de Castilla y León. Ha trabajado en sanidad vegetal para la empresa privada en función de responsable de calidad; asímismo es coautor de diversos artículos referidos al castaño.

Eva BARRENO RODRIGUEZ es Dra. en Ciencias Biológicas y Catedrática de la Universidad de Valencia. Es especialista en Liquenología y, como tal, ha redactado el capítulo correspondiente en la presente Obra. Ha trabajado también en Fitogeografía y Fitosociología de plantas vasculares, habiendo definido las provincias corológicas de España Ha publicado numerosos trabajos de taxonomía, que incluyen varias especies y géneros nuevos de líquenes y hongos liquenícolas, algunos pioneros sobre aspectos de ecosistemas forestales. Coordinó y editó el Informe *«Listado de plantas endémicas, raras o amenazadas de España»*, para la Unión Internacional para la Conservación de la Naturaleza. Actualmente su interés científico se central en el uso de líquenes y plantas vasculares como bioindicadores. Participa en varios Proyectos nacionales e internacionales, perteneciendo a varias Sociedades científicas (nacionales e internacionales) sobre su especialidad. Pertenece al Comité Editorial de la revista *Lazaroa.* Ha impartido conferencias sobre la temática en España y otros países europeos y norteamericanos.

Todas las fotografías son propiedad de los Autores. Las que llevan la inicial 'J' corresponden a Juan F. GALLARDO LANCHO; del resto son autores Manuel BERROCAL DEL BRÍO y José Marcos CARDEÑOSO HERRERO.

Las fotografías correspondientes al capítulo de los líquenes del castaño son propiedad de Agustín FARIÑAS (fotógrafos: V. ATIENZA, J.C. TORMO, V.M. VÁZQUEZ).